현직
화학공학
기술자들을
통해 알아보는
리얼 직업
이야기

화학공학기술자
어떻게

How did they become
Chemical Engineerings?

되었을까?

CampusMentor
캠퍼스멘토

"도움을 주신 화학공학기술자들을 소개합니다"

수소 및 신에너지 분야 화학 전문가
이택홍 교수

- 현) 호서대 화학공학과 교수
- 한국 수소 및 신에너지 학회 부회장
- 호서대 ICC 센터장
- 충남 수소 경제 포럼 부위원장
- SK 에너지 기술고문
- 미국 네바다 주립대 화학과 박사
- 경북대학교 화학과 학사/석사

포스코건설 프로세스 ENG그룹
박철진 엔지니어(기술사)

- 현) 포스코건설 프로세스 ENG그룹 엔지니어(기술사)
- 현) 한국가스기술사회 협력소통이사
- 대우엔지니어링㈜ 공정설계그룹
- 한국가스안전공사 가스기술사 담당 외래교수
- 한국가스기술사회 안전교육분과 위원
- 고려대학교 공과대학 화공생명공학과 졸업
- 가스기술사, 화공기술사, 화공안전기술사
  자격증 취득

신소재 설계화학공학 전문가
함형철 교수

- 현) 인하대학교 화학공학 부교수
- KIST 연료전지연구센터 선/책임연구원
- KIST(한국과학기술연구원) 연구원
- LG 화학기술연구원
- 미국 University of Texas at Austin 화학공학과 박사
- 한국과학기술원(KAIST) 화학공학과 석사
- 고려대학교 화학공학과 학사

삼성전자 Fab Facility
백성수 엔지니어

- 현) ㈜삼성전자_Fab Facility 운영
- ㈜롯데베르살리스엘라스토머스(LVE)_EPDM 생산관리
- ㈜롯데케미칼_SR Project
- 홍익대학교 화학공학과 학사 졸업
- 화학공학기사 자격증 취득

전산분자공학 전문가
이용진 교수

- 현) 인하대 공과대학 화학공학과 교수
- 주요 연구 분야 '전산분자공학'
- 중국 상해과기대학(ShanghaiTech University) 교수
- 스위스 로잔공대 박사 후 연구원
- 미국 텍사스주립대학 오스틴 캠퍼스 화학공학 박사학위 취득
- 서울대학교 화학생물공학부 석사
- 서울대학교 화학생물공학부 학사

롯데케미칼 첨단소재사업부
김 결 엔지니어

- 현)롯데케미칼 첨단소재사업부 여수공장 화학공학 엔지니어
- 미국 화공기사(FE), 미국 화공기술사(PE) 자격 취득 준비 중
- 화공기사, 가스기사, 위험물 산업기사 자격증 취득
- UNIST(울산과학기술원) 화학공학과 졸업

이 책의 구성

Chapter 1

화학공학기술자, 어떻게 되었을까?

Chapter 2

화학공학기술자의 생생 경험담

Chapter 3

예비 화학공학기술자 아카데미

CHAPTER
|1|

화학공학기술자,

어떻게
되었을까
?

화학공학기술자란?

화학공학(化學工學; Chemical Engineering)은

어떤 원료물질에 화학적 변화를 일으켜 사람이 살아가는 데에 사용되어온 각종 물질을 대량으로 만드는 방법 및 그 이용에 관하여 연구하는 공학의 한 분야이다. 화학공학자의 일은 나노물질과 나노기술의 활용에서부터 화학물질과 에너지, 원자재, 미생물 등을 유용한 형태로 전환하는 대규모 산업에 이르기까지 다양하다.

- 화학공학기술자 및 연구원은 석유, 광물, 나무 등 천연자원을 이용해 일상생활에 필요한 화장품, 비누, 섬유, 의약, 고무, 플라스틱 등 화학제품을 만드는 공정을 연구하거나, 화학제품을 생산하기 위한 설비 시스템 및 관련 정보를 연구 · 설계 · 개발하는 일을 한다.
- 화학, 석유, 펄프나 제지, 합성수지 산업 등 각종 산업에서 화학적 · 물리적 변화를 이용하여 화학제품을 제조하거나 생산하기 위한 공정을 연구 · 설계 · 개발한다.
- 안전기준에 적합한 화학제품 생산 시스템을 만들기 위한 설계와 설계도를 따라 설비의 건설과 설치를 감독하며, 생산 공정 및 각종 제어시스템을 전문적으로 다루거나 제작한다.
- 생산된 제품이 품질 표준을 만족했는지 확인하는 품질통제 활동과 품질관리 프로그램을 운영하고 원료, 제품, 폐기물에 대한 기준을 마련하는 활동을 한다.

출처: 위키백과/ 커리어넷

화학공학기술자의 직업전망

일자리 전망

(연평균 취업자 수 증감률 추정치)

약 48,000명 증가
(연평균 1.7%)

258,000명
2015년

306,000명
2025년

향후 10년간 화학공학기술자의 고용은 다소 증가하는 수준이 될 것으로 전망된다. 「중장기 인력수급 수정 전망 2015~2025」(한국고용정보원, 2016)에 따르면, 화학공학기술자는 2015년 25.8천 명에서 2025년 약 30.6천 명으로 향후 10년간 4.8천 명(연평균 1.7%) 증가할 것으로 전망된다.

화학공학기술자가 주로 활동하는 화학 관련 산업의 종사자 추이를 통계청 전국사업체 조사로 살펴보면 「화학물질 및 화학제품 제조업; 의약품 제외」의 사업체 수는 2014년 9,818개소로 지난 7년 동안 지속해서 증가하였고, 이 산업의 종사자 수도 2008년 117,015명에서 2014년 156,689명으로 지속해서 증가한 것으로 나타났다. 이들이 종사하는 세부 산업에 따라 전망은 다소 차이가 발생할 것으로 보인다.

「중장기 인력수급 수정 전망 2014-2024」(한국고용정보원, 2016)에 따르면, 「화학물질 및 화학제품 제조업; 의약품 제외」에서는 향후 다소의 취업자 증가세가 예상된다. 선진국의 경기 회복과 저유가는 업체의 수익률을 개선하여 투자와 고용에 긍정적인 영향을 미칠 수 있으나 중국 경기 둔화와 자급률 상승은 국내 화학제품 생산에 부정적인 영향을 미칠 전망이다. 이중 화장품산업이 주목된다. 한류 열풍과 함께 중국 소비자 증가, 인터넷, 모바일을 기반으로 한 소셜커머스 시장의 성장, 여성에서 남자와 청소년 등으로 화장품 소비층 확대 등으로 화장품산업이 지속해서 성장하고 있다.

보건산업인력수급전망(보건산업진흥원, 2015)에 따르면 화장품산업은 향후 10년간 취업자가 71,000명(연평균 8.6% 성장) 증가하고 그 중 제조업 분야에서 31,000명 늘어날 것으로 보고 있다.

출처: 직업백과

화학공학기술자의 주요 업무능력

* 업무수행능력/관련지식과 관련 중요도 70이상의 능력만 표기

능력/지식	해당능력	설명
업무수행능력	기술 분석	새로운 방법을 고안하고 기존의 방법을 개선하기 위해서 현재 사용되는 도구와 기술을 분석한다.
	장비 선정	업무를 수행하는데 필요한 도구나 장비를 결정한다.
	범주화	기준이나 법칙을 정하고 그에 따라 사물이나 행위를 분류한다.
	시력	먼 곳이나 가까운 것을 보기 위해 눈을 사용한다.
	기술 설계	사용자의 요구에 맞도록 장비와 기술을 개발하여 적용한다.
	선택적 집중력	주의를 산만하게 하는 자극에도 불구하고 원하는 일에 집중한다.
	품질관리분석	(잠시 휴식을 취할 수 없을 정도의) 매우 빠른 속도로 업무를 처리해야 하는 빈도
	장비의 유지	업무 수행을 위해 정밀하거나 정확한 것의 중요성
지식	화학	물질의 구성, 구조, 특성, 화학적 변환과정에 관한 지식
	물리	공기, 물, 빛, 열, 전기이론 및 자연현상에 관한 지식
	공학과 기술	다양한 물건을 만들고 설계하거나 서비스를 제공하는 데 필요한 공학적인 원리, 기법, 장비 등을 실제로 적용하는 지식
	생물	동.식물 또는 생명현상에 관한 지식
	영어	영어를 읽고, 쓰고, 듣고 말하는데 필요한 지식

출처: 커리어넷

화학공학기술자에게 필요한 자질

──── 어떤 특성을 가진 사람들에게 적합할까? ────

- 화학 공정을 연구하거나 이에 필요한 장비를 설계하고 개발해야 하므로 분석적인 사고와 탐구적인 성격인 사람에게 적합하다.
- 화학제품의 원료와 생산품의 물리적·화학적 품질을 세밀하게 검사해야 하므로 품질관리분석, 기술 분석, 기술 설계 등의 능력이 요구되며, 화학, 상품 제조 및 공정, 공학과 기술 등의 지식을 갖춘 사람에게 적합하다.
- 다른 분야의 공학 기술자와 팀으로 작업을 하는 경우가 많아 원만한 대인관계능력이 필요하고, 실험 실습 과정에서 유독물질을 취급해야 하므로 세심한 주의력도 필요하다.

출처: 커리어넷

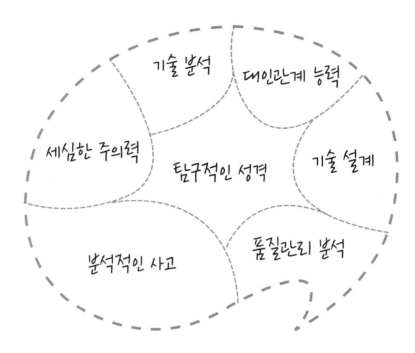

기술 분석
대인관계 능력
세심한 주의력
탐구적인 성격
기술 설계
분석적인 사고
품질관리 분석

화학공학기술자가 되려면?

1 입직 및 취업방법

· 화학공학기술자가 되기 위해서는 대학교에서 화학공학 관련 학과를 전공한 후, 공채나 특채, 상시 채용을 통해 석유정제, 화학약품 등의 석유화학 산업 분야의 제조업체나 환경 분야 산업체로 진출하는 것이 일반적이다. 또 연구설계 분야에서 일하려면 보통 석사 이상의 학위가 요구된다.
· 연구소, 제약회사, 화장품회사로도 진출할 수 있다.
· 중앙 부처나 지방자치단체의 공업직(화공) 공무원으로 진출할 수도 있다.

2 정규 교육과정

· 화학공학기술자가 되기 위해서는 전문대학 및 대학교에서 화학공학과, 화공과, 정밀화학과, 고분자공학, 고분자학과, 농화학과, 공업화학과, 응용화학공학과, 정밀공업화학과, 화학시스템공학과, 응용생명환경화학과 등을 졸업하면 유리하다.
· 대학의 화학공학 관련 학과에서는 화학공학의 기초이론 및 타 학과와 차별화되는 화학공학과만의 고유한 교과인 공정설계, 열역학, 열 물질 전달, 전달 현상 등에 대한 심화한 교육과 화학, 에너지, 환경, 소재 등 실용적 분야에 응용할 수 있는 실험 실습 등의 교육을 통해 관련 지식을 배운다.

3 관련 자격증

관련 국가자격증으로는 한국산업인력공단에서 시행하는 화공기사, 화공기술사, 화공산업기사, 화공안전기술사, 화학분석기사, 화학분석기능사가 있다.

■ 화공기술사 자격증

① 시 행 처 : 한국산업인력공단

② 관련학과 : 대학의 화학공학, 화학공정 등 관련학과

③ 시험과목

  - 유기.무기화합물, 고분자제품, 정밀화학제품 등을 생산하는 각종 화학 설비 및 화학공장 설립에 따른 사업계획, 사업성 검토, 설계, 구매, 조달, 검사, 건설, 공정묘사(Process Simulation), 공장설립에 관한 인·허가업무, 관련 법률, 엔지니어링 문서해석 및 안전 관련 사항

④ 검정방법

  - 필기 : 단답형 및 주관식 논술형(매 교시 100분, 총 400분)

  - 면접 : 구술형 면접(30분 정도)

⑤ 합격기준 – 필기·면접 : 100점을 만점으로 하여 60점 이상

■ 화공기사 자격증

① 시 행 처 : 한국산업인력공단

② 관련학과 : 대학의 화학과, 화학공학, 공업화학 등 관련학과

③ 시험과목

  - 필기 : 화공열역학, 단위조작 및 화학공업양론, 공정제어, 공업화학, 반응공학

  - 실기 : 화학장치운전 및 화학제품제 실무

④ 검정방법

  - 필기 : 객관식 4지 택일형, 과목당 20문항(과목당 30분)

  - 실기 : 복합형[필답형(1시간 30분) + 작업형(약 4시간)]

⑤ 합격기준

  - 필기 : 100점을 만점으로 하여 과목당 40점 이상, 전 과목 평균 60점 이상

  - 실기 : 100점을 만점으로 하여 60점 이상

■ 화학공학 관련 기타 자격증

  화약류제조산업기사, 화약류제조기사, 화학분석기능사, 화공기사, 화약류관리산업기사, 화약류관리기사, 화약류관리기술사, 화공안전기술사, 화공기술사

출처: 커리어넷/ 큐넷

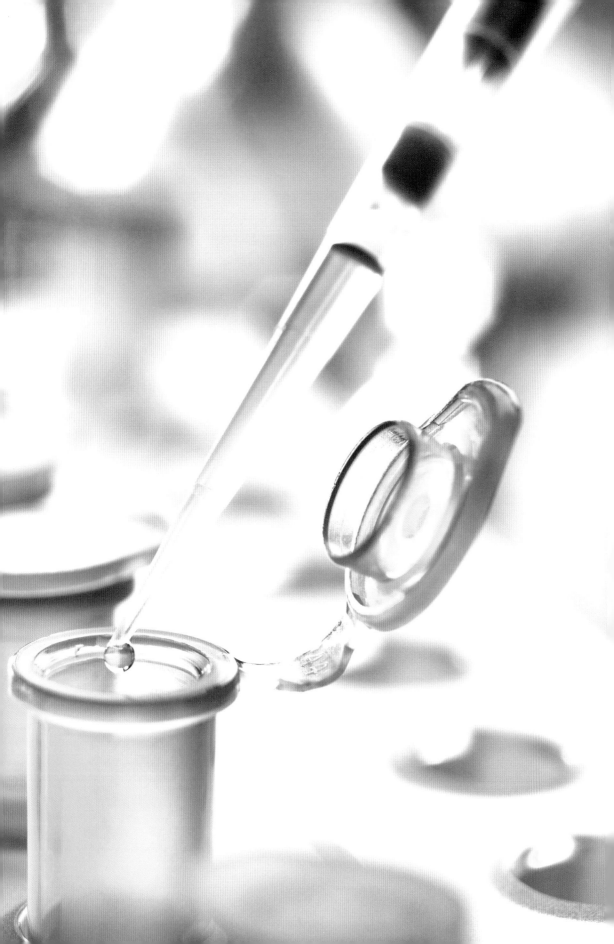

화학공학의 다양한 분야

■ 고무 및 플라스틱화학공학기술자

- 고무 및 플라스틱 원료의 구조와 재질을 분석하여 새로운 합성물질을 개발하고, 제품의 제조공정을 연구·설계한다.
- 각종 고무 제품 제조를 위한 프로세스에 따라 합성물질과 제조공정을 연구·설계·개발하고, 공장 설비를 설치·조작·유지·감독한다.
- 제조공정 및 재료의 개발, 개선에 관한 연구, 새로운 제조공정 개발을 위한 기계 및 공법에 관련한 연구를 수행한다.
- 공장 간의 공정 연계도를 효율적으로 관리해 생산의 효율성을 높인다.
- 공정별로 발생할 수 있는 위험 요소 및 사고유형을 분석하고 대응책을 마련한다.
- 최신 공정을 잘 반영하기 위한 환경과 작업 안전에 관해 연구한다.
- 각종 고무 제품의 제조 관련 장치와 장비를 설계·검사하며, 장치의 운용과 유지, 보수 작업을 계획한다.
- 일관성 확보를 위한 품질관리 프로그램, 운영 절차 및 통제전략을 세우고 원료, 제품 및 폐기물이나 배출물에 대한 기준을 확립한다.
- 물성 시험을 통해 플라스틱 제품을 분석·연구한다.
- 제품의 원료를 비교·분석하여 새로운 제품을 개발한다.
- 새로운 형태의 제품 디자인에 관여하고 생산성을 연구한다.
- 신소재 개발을 위한 제조기술을 연구·개발한다.

■ 공학계열교수

- 대학에서 공학 분야의 인력을 양성하기 위해 공학 분야의 이론과 지식을 강의하고 관련 학문을 연구한다.
- 대학에서 대학생들을 대상으로 건축공학, 금속공학, 기계공학, 재료공학, 전기공학, 전자공학, 토목공학, 통신공학, 화학공학, 컴퓨터공학, 산업공학 등의 이론과 지식을 강의한다.
- 최신 장비를 이용한 실험 실습 강의를 한다.
- 학생들의 질문에 답변하고 개인 지도를 하기도 한다.
- 관련 학문을 연구하고 논문을 학회지 등에 발표한다.
- 각종 회의에 참석하여 전문가로서 조언하기도 한다.

■ 대기환경기술자

- 환경오염원을 분석하여 환경 상태를 평가하고 각종 기준을 세우며 관련 기술을 개발하는 등 대기오염 문제를 예방하고 대기환경을 개선하는 것과 관련된 분야를 연구·개발한다.
- 사업장 대기오염물질 총량 관리 업무를 대행하고, 대기총량관리 및 굴뚝원격감시체계 사업장에 관한 기술지원을 한다.
- 대기총량관리 및 굴뚝자동측정관제센터 운영 관련 정책지원을 한다.
- 대기총량관리시스템, 굴뚝원격감시체계 관제센터를 설치·운영한다.
- 배출허용총량관리를 위한 전산장비를 도입·설치 및 유지관리하고, 측정자료 수집 및 배출량 산정 프로그램 개발 및 유지관리한다.
- 배출 허용 기준을 초과한 사업장의 부과금 산정자료를 제공한다.
- 도로 재비산먼지 이동측정시스템을 구축·운영한다.
- 측정기로부터 사업장 굴뚝에서 배출되는 오염물질(먼지, CO, NOx, SO₂, HCl, HF, NH₃), 보정자료(온도, 유량, 산소 등)를 수집한다.
- 측정값을 평균자료로 생성하여 저장한다.
- 유선, 무선 및 인터넷 통신 등을 통해 측정된 자료를 실시간으로 관제센터로 전송하고, 각 사업장의 자체관리시스템으로 전송해 사업장의 배출 및 방지시설 개선 등에 활용한다.
- 배출 허용 기준을 초과할 우려가 있거나 초과 시 각 사업장과 지방자치단체에 유·무선통신을 통하여 자동으로 송신한다.
- 자료 수집기의 미송신 자료를 전송받고, 원격제어를 통하여 측정기기에 표준가스를 주입함으로써 측정기의 정상 작동 여부를 확인하여 측정자료의 신뢰성을 확보한다.

■ 도료 및 농약품화학공학기술자

- 산업용 및 건축용 도료, 농약품 등의 화학제품을 연구하며, 관련 기술 확립 및 품질관리, 안정성 확보 등를 위해 각종 시험을 실시하고 공정을 개선한다.
- 가정용 및 산업용 도료의 기술을 연구하고 제품을 개발한다.
- 여러 가지 특수 안료 등을 용도에 따라 첨가하고 혼합비율에 관한 연구를 수행하여 도료를 개발한다.
- 도료의 도장 방법(도막형성 속도, 도료의 조도, 건조압법 등) 기준을 제시한다.
- 생산 중인 도료의 견본을 채취하여 도장성, 내구성, 표면 유연성 등의 품질 시험을 한다.
- 유기 중간체의 합성법을 연구하여 농약 원제를 개발한다.
- 각종 실험기기나 농약의 원부자재를 혼합하여 농약을 개발한다.
- 농약 제조 시 사용되는 여러 부자재의 화학적 특성을 조사하고, 농약 원제에 함유된 불순물의 종류와 함량을 분석하여 농약 제품의 안전성을 확보한다.

- 각종 인증 및 표준 획득을 위한 시험성적서를 작성한다.
- 생산부서와 기술적 협의를 한다.
- 일관성, 안전성 확보를 위한 품질관리 프로그램을 마련하고, 이에 대한 운영 절차, 통제전략, 비상 상황 대처 계획을 세운다.
- 원료, 제품 및 폐기물이나 배출물을 안전하게 처리하는 방법 기준을 확립한다.

■ 비누 및 화장품화학공학기술자

- 비누, 화장품 등에 사용되는 각종 원료를 분석하고 혼합하여 신제품을 개발하고, 생산 공정을 효율적으로 설계·개선한다.
- 비누, 화장품 등 생활재 산업과 관련된 제품을 분석하여 신제품을 개발하고 제품생산공정을 설계하거나 개선한다.
- 각종 검사기기를 이용해 화장품 원료의 순도, 이화학 성분, 수소이온농도(ph) 등을 측정하고 시제품 생산에 문제가 없는지 분석한다.
- 원료의 성분연구 결과를 기초로 시제품 개발 절차에 따라 각종 원료를 혼합하여 시제품을 제조한다.
- 완성된 시제품의 색상과 향을 관능검사하고, 사용 시 부작용이 없는지를 파악하고 생산공정에 적용한다.
- 연구기획 및 기술정보관리, 신소재제품 및 전략제품 기획업무, 기술정보 및 특허관리, 중장기 프로젝트 등의 업무를 하기도 한다.
- 위험 화학물의 처리, 환경보호나 식품, 재료 및 소비품들에 관한 기준에 대한 지침 및 명세서를 만들기도 한다.
- 일관성, 안전성 확보를 위한 품질관리 프로그램, 운영 절차, 통제전략, 비상 상황 대처 계획을 세운다. - 원료, 제품 및 폐기물이나 배출물에 대하여 안전한 처리 방법의 기준을 확립한다.

■ 산업안전원

- 산업재해 예방계획의 수립에 관한 사항을 수행하며 작업환경의 점검 및 개선에 관한 사항, 근로자의 안전교육 및 훈련에 관한 업무를 수행한다.
- 현장 조사, 재해보고서, 재해 통계자료, 국내외 안전 위생 관계 문헌 등의 자료를 수집·분석하고 작업원에 대한 건강진단 등에 대한 안전 및 위생 종합관리계획을 입안한다.
- 중대 재해 예방 대책을 수립하고 안전 위생관리 기준을 설정한다.

- 연간 안전위생교육 계획을 수립하고, 재해 및 위생 사례집 등 교육교재를 개발하여 현장에 보급한다.
- 연수원 집합교육, 현장 직무교육 시 안전교육 자료를 작성 재해 및 각종 사고 예방 교육을 한다.
- 정기적으로 현장을 순회 점검하여 불안전 요인을 제거한다.
- 현장 여건에 적합한 안전위생 활동기법을 개선·보급한다.
- 재해 및 위생사고 발행 시 현상 분석을 통하여 기술적 보완 대책을 수립한다.
- 위험한 기계 및 기구에 대한 자체 검사 계획을 수립하여 위해 요인을 제거한다.
- 안전 보호구의 품질개선 및 수급관리제도를 개선한다.
- 안전 위생관리지표 설정 및 목표 달성 방안을 마련한다.
- 재해 및 각종 사고 발생 상황과 위생사고 요인 파악 및 계통을 보고한다.

■ 석유화학공학기술자

- 각종 석유화학제품(석유와 천연가스를 원료로 하여 얻어지는, 연료 이외의 용도에 사용하는 화학제품)과 그 원료를 시험·분석하여 제품을 개량하고 공정을 개선한다.
- 제품과 원료를 시험·분석하여 새로운 품질을 개량하고 혼합비를 조절한다.
- 제품 제조의 경제성을 높이기 위한 시험 및 연구·개발을 시행한다.
- 제조공정 및 재료의 개발이나 개선에 관해 연구한다.
- 제품의 제조 관련 장치 및 장비를 설계·검사하며, 장치의 운용·유지·보수작업을 계획한다.
- 생산공정이나 장치에 문제가 발생하면 문제의 원인을 신속하게 발견하여 연속적인 생산에 차질을 주지 않도록 적절한 조치를 한다.
- 석유화학제품 관련 공장을 설계해 건설을 감독하고, 공장의 가동 및 공정 제어를 담당한다.

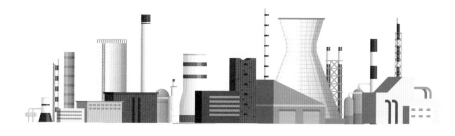

톡(Talk)!
박철진

화학공학 지식, 영어 능력과 더불어
세밀함도 요구됩니다.

대학에서 배우는 화학공학지식은 실무에서 100% 활용됩니다. 예를 들어, 유체역학이라는 과목에서 플랜트 공정설계를 할 때 필요한 개념을 배우게 됩니다. 유체를 이송하는 기계(펌프, 압축기)와 설비와 설비를 연결하는 파이프라인을 설계할 때 최적 사이즈로 디자인하기 위해서는 유체역학에서 배우는 지식을 활용해야 하죠. 이 밖에도 학부에서 배우는 분리공정, 열역학, 열 및 물질전달, 수치해석, 공정제어 과목 등은 화학공학 실무에서 공정 및 시스템 설계를 할 때 꼭 알아야 하는 필수지식입니다.

해외 프로젝트 진행 시 기본적으로 영어로 의사소통하게 됩니다. 또한 프로젝트 문서, 비즈니스 이메일, 설계문서 등에 기본적으로 사용하는 언어가 영어죠. 영어를 잘해야 업무에 관한 내용을 빠르게 이해하고 분석할 수 있고, 국제적으로 경쟁력 있는 화학공학기술자가 될 수 있답니다.

공정설계를 하는 화학공학기술자는 설계 Error를 줄이고 프로젝트 이익을 창출하기 위해 모든 과정을 꼼꼼하게 검토하면서 진행해야 합니다. 작은 실수 하나가 전체 프로젝트의 성패를 좌지우지할 수 있고, 안전과 직결되는 일이기에 모든 과정을 꼼꼼하게 기록, 정리하고 확인하는 습관이 필요하죠.

수학 실력도 중요하고 책임감도 갖춰야 해요.

　수학 등의 기초 실력과 체력이 중요하다고 생각됩니다. 일을 완벽하게 처리하는 책임감과 의무감을 가져야 합니다.

타성에서 벗어나 계속 탐구하는 자세를 가져야 해요.

　끊임없이 탐구하는 자세가 필요하다고 생각합니다. 일하다가 Trouble이 발생했을 경우, 이론적인 내용보다는 그동안의 경험으로 해결하는 경우가 많이 있어요. 하지만 이런 식으로 문제를 해결하다 보면 당장 문제는 빠르게 해결할 수 있겠지만, 그 문제의 실체를 알지 못하기에 다시 문제가 발생하곤 한답니다. 화학공학 산업은 연속적인 공정(Continuous Process)이 대부분이기에 문제가 발생하는 그 공정이 멈추는 순간 큰 손실이 발생하죠. 올바른 화학공학기술자는 문제에 관하여 이론적인 내용을 바탕으로 생각해야 하고, 같은 문제가 재발하지 않도록 엔지니어적인 해결책을 내놓아야만 합니다. 그냥 예전에 이랬으니까 이렇게 하면 된다는 식으로 접근하면 안 됩니다. 문제의 원인이 이렇기에 공정의 Factor를 계산된 식에 맞추어 조정하고 운전해야 합니다. 이것이 올바른 공학적 문제 해결이라고 할 수 있겠죠. 단순히 그 답이 나온 것에 초점을 두지 말고, 왜 그 답이 나왔는지 이론적 내용을 바탕으로 끊임없이 생각해 보는 게 중요합니다.

공학자로서 끝없이 분석하고 도전하는 정신이 있어야 하죠.

　뭔가 분해하고 분석하는 것을 즐겼던 거 같아요. 공학 분야에서 새로운 문제를 탐구한다는 것은, 답이 없는 문제를 풀 때가 많기에 중간에 포기해버리고 싶은 생각이 많이 들거든요. 그럴 때 오히려 그런 답이 없는 문제, 알려지지 않은 문제를 탐구하고 끝까지 도전하는 끈기가 필요하죠. 저는 고등학교 때 수학 문제를 풀 때 절대로 해설지를 보지 않았어요. 답이 나올 때까지 끝까지 풀었거든요. 그러다 보면 처음에는 몰랐던 그 문제의 핵심을 알게 되고, 다음에 유사한 문제가 나왔을 때는 쉽게 그 문제를 풀 수 있더라고요. 화학공학은 수학적인 능력이 당연히 필요하고, 만드는 걸 좋아하는 적성을 가지고 있으면 공학자에게 도움이 많이 됩니다. 사실 저는 어렸을 때 게임을 굉장히 좋아했어요. 특히 핸드폰 게임 말고 컴퓨터 게임을 좋아했답니다. 그때는 핸드폰이라는 게 없었죠. 그래서 컴퓨터 게임을 하면서 게임을 즐기는 데 그치지 않고, 컴퓨터 프로그램 안으로 들어가서 그걸 바꿔 보려고 했던 기억이 납니다. 화학공학에서 시뮬레이션이라는 것도 결국은 한자리에 앉아서 역동적으로 뭔가를 들여다보고 계속 고민하면서 해결하는 측면이 있거든요. 컴퓨터 게임도 어느 정도 도움이 됐던 것 같네요.

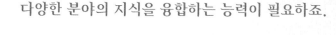

다양한 분야의 지식을 융합하는 능력이 필요하죠.

툭(Talk)!
함형철

　화학공학은 물질을 경제적, 대규모로 제조하는 것을 목표로 하고 있죠. 이를 실현하기 위해선 다양한 분야를 융합하는 능력이 요구됩니다. 구체적으로 살펴보면, 물질의 특성 이해에 도움이 되는 화학, 물리, 재료에 관한 지식, 대규모 반응·분리 공정개발에 사용되는 수학, 유체역학, 열·물질전달과 컴퓨터를 이용한 수치해석 등의 지식이 요구되죠.

**강인한 정신력과 체력을 바탕으로
스트레스를 잘 관리해야 해요.**

툭(Talk)!
김결

　화학공학기술자에게 가장 필요한 자질은 어떠한 상황이 벌어지더라도 무너지지 않는 강인한 정신력과 강한 체력이 필수적입니다. 업무강도가 세기 때문에 스스로 일과 삶의 분리를 잘 시켜야 하죠. 스트레스를 잘 해소할 수 있어야 회사생활을 잘해나갈 수 있답니다.

내가 생각하고 있는 화학공학기술자의
자질에 대해 적어 보세요!

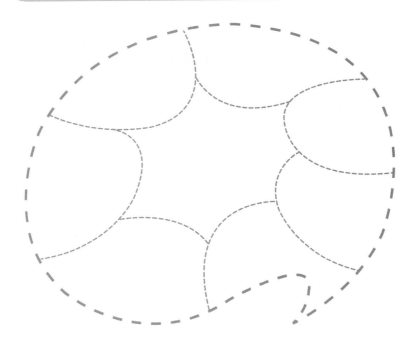

화학공학기술자의 좋은 점·힘든 점

톡(Talk)!
이택홍

| 좋은 점 |
학생들을 가르치면서
성장하는 모습을 보는 게 뿌듯하죠.

교수라는 일이 학생들과 함께하는 일이잖아요. 아무래도 학생들을 가르치면서 학생들이 점차 성장하는 모습을 보는 게 기쁨이죠.

톡(Talk)!
함형철

| 좋은 점 |
연구를 자유롭게 할 수 있고,
후학을 양성하는 기쁨도 있죠.

흥미가 있는 연구 분야를 자유롭게 수행할 수 있다는 게 큰 장점이죠. 또한 젊은 학생들과 함께 연구와 교육 활동을 수행하면서 학생들이 차세대 화학공학자가 될 수 있도록 도움을 줄 수 있다는 것도 큰 보람이죠.

| 좋은 점 |
연구와 강의를 통해 유능한 후학을 양성한다는
자부심을 품게 되죠.

　교수라는 직업의 장점은 매일의 업무를 '미래'와 함께 한다는 점입니다. 화학공학 분야의 '미래'인 학생들과 강의나 연구를 통해 소통하는 것 자체가 저 자신을 새롭게 만듭니다. 화학공학과 교수라는 직업이 지니는 가장 큰 가치가, 바로 화학공학 분야의 미래인 학생들을 키워내는 데 제가 일조하고 있다는 점이죠.

| 좋은 점 |
다양한 분야에서 화학공학자를 요구하고 있어요.

　화학공학이라는 학문은 전통적인 화학공학인 정유, 석유화학뿐만 아니라 현재 주목받고 있는 바이오, 의료, 디스플레이 그리고 제가 종사하고 있는 반도체까지 진출할 수 있는 분야가 정말 다양합니다. 특히 코로나 시대인 요즘, 바이오나 반도체 분야에서 끊임없이 인재를 요구하고 있는데 이와 관련된 전공이 바로 화학공학입니다. 즉, 사회가 급변하고 기술이 발전하면서 화학공학은 더욱더 뺄 수 없는 분야입니다. 처음엔 석유화학 분야에서 일하다가 현재는 반도체 분야에서 일하고 있지만, 다양한 산업에서 화학공학기술자를 필요로 한다는 것이 화학공학의 가장 큰 장점인 것 같아요.

| 좋은 점 |

전공을 살릴 수 있고, 성과에 따른
보상도 확실한 직업이에요.

건설사에서 공정설계 엔지니어(화공기술사)로서 일하는 큰 장점은 대학 전공을 그대로 살려서 일할 수 있다는 점입니다. 그러므로 전공 관련된 깊이 있는 지식을 계속 쌓을 수 있고, 관련 경험도 점점 축적됨에 따라서 전문성을 더욱 인정받을 수 있습니다. 근무지가 수도권에 있다는 점과 워라벨(Work-Life Balance)이 좋아서 퇴근 후 개인 시간을 이용해 자기계발을 할 수 있다는 점도 장점 중 하나입니다. 또한 성과에 따른 확실한 포상과 높은 연봉 등도 엔지니어로서 계속 성장하고 싶게 만드는 동기라고 할 수 있습니다.

| 좋은 점 |

우리나라 산업에 이바지하며 경력을 쌓을 수 있답니다.

화학공학 전공을 살리며 '석유화학'이라는 큰 산업의 일원으로서 일한다는 건 대단한 경험입니다. 제품을 수출하여 수익을 내는 우리나라 산업의 특성상 제품이 만들어지는 가장 기초 단계의 엔지니어로 근무하는 것 자체가 개인의 커리어에 큰 도움이 된다고 생각해요.

| 힘든 점 |

교수로서 현장 경험을 제대로 못 하는 현실이죠.

교수도 현장 경험을 통해서 끝없이 배워야 한다고 생각합니다. 가르치는 자의 현장 경험이 학생들에게 생생하고 실질적인 지식으로 전달되겠죠. 하지만 현실은 그렇지 않은 것 같네요.

| 힘든 점 |

새로운 교안을 짜내고, 변화에 맞춰 성장하는 게
압박감으로 다가오죠.

학생들을 가르치면서 새로운 교안을 만드는 게 늘 부담이죠. 학생의 입장을 고려하면서 강의를 준비해야 하거든요. 또한 새로운 연구 과제를 개척해야 하죠. 과학은 빠르게 변화 발전하기에 거기에 맞춰 연구자도 성장해야 한다는 압박감이 밀려올 때가 있어요.

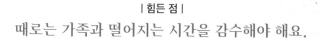

| 힘든 점 |

톡(Talk)! 박철진

때로는 가족과 떨어지는 시간을 감수해야 해요.

본인이 수행하고 있는 프로젝트에 따라서 지방이나 해외로의 출장이나 파견이 불가피합니다. 저도 본사에서만 일하는 게 아니라 포항, 광양 현장, 해외로 출장이나 파견을 나간답니다. 긴 시간 파견을 나가게 되면 사랑하는 가족들과 오랜 시간 함께하지 못하는 게 큰 단점이에요. 하지만 해외 출장이나 파견은 국내 프로젝트와는 다른 경험을 할 수 있는 좋은 기회가 되기도 하죠, 자신의 커리어 발전에도 좋은 영향을 미칠 수 있기에 긍정적인 부분도 있답니다.

톡(Talk)! 함형철

| 힘든 점 |

끝없이 연구해야 하는 길에서 지칠 때가 있죠.

자유롭게 연구 활동을 하는 게 오히려 단점으로 작용할 수 있습니다. 즉, 연구 활동의 목표를 스스로 설정하는데, 사실 연구 활동은 끝이 없는 길이거든요. 연구를 수행하면서 문제가 잘 해결되지 않을 때는 힘들죠.

| 힘든 점 |

타지에서 근무하거나 퇴근이 불규칙한 게 힘겨울 수 있죠.

　안정되지 않은 공정에서 근무하게 되면 문제를 해결해야 하는 엔지니어의 특성상 퇴근이 불규칙적이죠. 또한 여수, 울산, 대산 등의 타지에서 근무하기 때문에 퇴근 후 시간을 잘 활용해야 외롭지 않습니다. 추가로 장점이자 단점이 될 수 있는데, 회식이 잦습니다.

| 힘든 점 |

돌발상황 속에서 열악한 현장에 투입되어 문제를 해결해야 해요.

　현장에서 많이 일해야 한다는 게 힘들 수 있어요. 요즘 관리하는 설비들이 CCR(Central Control Room)이라는 중앙통제실에서 원격으로 모니터링을 하지만, 설비나 품질에 문제가 생기면 직접 현장을 가야 하는 일이 많아요. 또한 주로 설비가 실외에 있거나 실내에 있더라도 지하나 옥상에 있는 경우가 많기에 궂은 날씨 속에서 우리 엔지니어들이 땀 흘리며 고생하는 경우가 많답니다. 하지만 이러한 돌발상황을 줄이기 위해 현장을 돌아다니며 이상을 감지해주는 로봇, 고장이 나기 전에 설비를 최적의 상태로 관리해주는 시스템 등 많은 기술이 개발되고 있어요. 현재 실용화된 첨단기술이 많이 도입되어서 엔지니어가 직접 대응하는 업무가 많이 줄어드는 추세이긴 합니다.

화학공학기술자의 종사현황

　화학공학과 등 관련 학과를 졸업하고 기업체에 취업한 후 경력을 쌓아 전문적인 지식과 자격을 갖추면 화학공학기술자로 일할 수 있다. 연료, 석유정제, 화학약품, 비료, 농약, 화장품 기타 석유화학산업 분야 등 제조업 전반에 취업할 수 있으며, 최근에는 신소재나 환경과학 분야에도 진출하는 사례들이 꾸준히 증가하고 있다.

　입직 후 업무능력을 키우면 제조 및 기술 쪽의 관리자로 승진할 수 있다. 연구와 개발 업무에서 충분한 경력을 쌓거나 박사학위 등을 취득하면 연구책임자로 승진할 수 있다.

　최근 환경과 안전에 대한 사회적 관심이 고조되고 있는데, 이러한 분위기에서 화학공학기술자가 산업안전, 소방설비 등의 안전관리 분야 자격증이나 대기환경, 수질환경, 폐기물처리 등의 환경 분야 자격증을 취득하면 승진이나 경력개발에 도움이 될 수 있다.

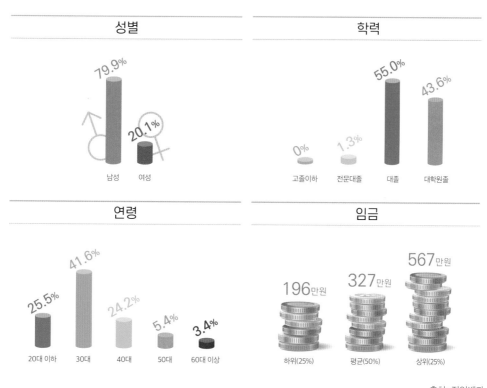

출처: 직업백과

화학공학기술자의

생생
경험담

미리 보는 화학공학기술자들의 커리어패스

이택홍 교수   경북대학교 화학과 학사/석사, 미국 네바다 주립대 화학과 박사 > SK 에너지 기술고문, 충남 수소 경제 포럼 부위원장

박철진 엔지니어   고려대학교 화공생명공학과 학사 졸업 > 대우엔지니어링㈜ 공정설계그룹 입사

함형철 교수   고려대학교 화학공학과 학사, 한국과학기술원(KAIST) 화학공학과 석사 > 미국 University of Texas at Austin 화학공학과 박사, LG 화학기술연구원

백성수 엔지니어   홍익대학교 화학공학과 학사 졸업 > 화공기사, 가스기사, 공조냉동기계기사 자격증 취득

이용진 교수   서울대학교 화학생물공학부 학사, 서울대학교 화학생물공학부 석사 > 미국 텍사스주립대학 오스틴 캠퍼스 화학공학 박사학위 취득

김 결 엔지니어   UNIST(울산과학기술원) 화학공학과 학사 졸업 > 화공기사, 가스기사, 위험물 산업기사 자격증 취득

> 호서대 ICC 센터장,
> 한국 수소 및 신에너지 학회 부회장

> 현) 호서대 화학공학과 교수

> 기술사(가스, 화공, 화공안전)자격증 취득
> 한국가스안전공사 가스기술사 담당
> 외래교수

> 현) POSCO건설 공정설계 Lead 엔지니어
> 현) 한국가스기술사회 협력소통이사

> KIST(한국과학기술연구원) 연구원,
> KIST 연료전지연구센터 선/책임연구원

> 현) 인하대학교 화학공학 부교수

> ㈜롯데케미칼_SR Project
> ㈜롯데베르살리스엘라스토머스
> (LVE)_EPDM 생산관리

> 현) ㈜삼성전자_Fab Facility 운영

> 스위스 로잔공대 박사 후 연구원,
> 중국 상해과기대학(ShanghaiTech
> University) 교수

> 현) 인하대 공과대학 화학공학과 교수
> (주요 연구 분야 '전산분자공학')

> 미국 화공기사(FE), 미국 화공기술사(PE)
> 자격 취득 준비 중

> 현) 롯데케미칼 첨단소재사업부 여수공장
> 화학공학 엔지니어

어린 시절 자연에서 뛰어놀며 친구들과 재미있는 시간을 보냈고, 가부장적인 아버지의 공장에서 일을 돕기도 하였다. 중학교 시절 수학을 지도하신 담임선생님의 영향으로 수학에 관심을 두게 되면서 화학공학과에 입학하게 되었다. 아기 때 한쪽 귀의 청력이 손상되면서 미국 유학을 위한 토익 시험을 치르는 데 어려움을 겪게 된다. 대학교 석사과정에서 우수한 성적이었기에 미국 대학에서도 석사를 그대로 인정받아서 바로 박사학위에 도전하였다. 미국에서 박사학위를 취득하고 선임연구원으로 원자력연구소와 대성산소연구소에서 근무하면서 경력을 쌓았다. 현재 호서대학교 화학공학과와 가스공학과에서 공장 설계 등을 가르치며 수소 연료전지를 개발 중이다.

수소 및 신에너지 분야 화학 전문가
이택홍 교수

현) 호서대 화학공학과 교수
- 한국 수소 및 신에너지 학회 부회장
- 호서대 ICC 센터장
- 충남 수소 경제 포럼 부위원장
- SK 에너지 기술고문
- 미국 네바다 주립대 화학과 박사
- 경북대학교 화학과 학사/석사
- 충남 수소 특위 위원장 역임
- ISO TC 197 한국대표단 단장 역임
- 연료전지 보급 사업 평가 위원장 역임
- SK 에너지 트럭용 대형 수소 충전소 사업 평가 위원장

화학공학기술자의 스케줄

이택홍
교수의
하루

22:00~
▶ 취침

05:30 ~ 7:00
▶ 기상
▶ 달리기 및 골프 연습

19:00 ~ 20:00
▶ 운동
20:00 ~ 22:00
▶ 전공 연구

07:15 ~ 7:30
▶ 영어 회화 공부
07:30 ~ 9:00
▶ 식사 및 휴식

17:00 ~ 19:00
▶ 저녁 식사 및 휴식

09:00 ~ 17:00
▶ 학생 지도 및 교육 연구

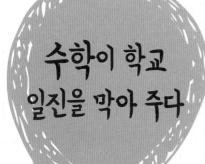

수학이 학교
일진을 막아 주다

▶ 고등학교 시절

▶ 90년 미국 유학 시절

▶ 대학 시절

Question 어린 시절을 어떻게 보내셨나요?

부모님과 세 명의 형과 함께 어린 시절을 대구 서구 비산동에서 살았어요. 여름밤에는 동네 친구들과 딱지치기, 씨름, 야구, 축구 등을 하면서 재미있게 놀았던 것 같아요. 낮에는 풀이 많이 자란 초원 같은 곳에서 메뚜기, 잠자리, 매미, 나비 등을 채집하기도 했고요. 식사를 제대로 하지 않고 놀이에 집중한 나머지 초등학교 3학년 때에는 빈혈에 걸리기도 했답니다. 그 당시에 대구 서문시장에서 불이 났었는데 불에 탄 잔해가 오랫동안 동네에 남아 있었어요. 그 잔해를 뒤져서 모은 물건으로 장난감을 만든 기억도 있네요.

Question 아기 때 청신경에 문제가 생겼다고요?

네. 제가 태어나서 얼마 지나지 않아 열병을 앓았고, 그때 청신경이 심하게 손상되었다고 어머니가 말씀하시더라고요. 한쪽 귀가 농아 수준이어서 미국 유학을 위한 토익 듣기 시험 칠 때 스피커가 왼쪽에 있으면 거의 들리지 않는 거예요. 그래서 첫 시험과 두 번째 시험에서는 스피커가 왼쪽에 있어서 시험에 떨어졌었죠. 다행히 세 번째는 스피커가 오른편에 있어서 미국에 90년 8월 2일 출국을 할 수 있었답니다.

Question 학창 시절 어떤 성향의 학생이었나요?

친구가 많지 않았지만, 의리는 강한 편이었던 것 같아요. 영덕 해변으로 고등학생 MT를 간 적이 있었는데 다른 애들 수영할 때 저는 캠프파이어를 준비하느라 온몸에 땀띠가 났죠. 며칠 후에 미국에 갔는데, 출입국 사무소에서 전염병인 줄 알고 잠시 격리되기도 했답니다.

Question 학창 시절 특별한 에피소드가 있으신가요?

중학교 2학년 때 소위 학교 일진들로부터 괴롭힘을 받은 것이 기억납니다. 그 당시 제가 공부를 좀 했던 것 같아요. 특별히 수학을 많이 좋아했었죠. 일진들보다 센 친구들에게 공부를 가르쳐 주고 친해지게 되었죠. 그 이후로 일진들의 괴롭힘은 사라졌답니다.

Question 공장을 운영하신 아버지에 관한 기억이 있을 텐데요?

어릴 때부터 아버지 공장에서 철판 운반과 같은 일을 정기적으로 도왔어요. 셋째 형님이 군대 갔을 때 저는 대학 생활을 시작했고요. 그때 아버지 건강이 안 좋으셔서 학업보다는 공장 일을 많이 했어요. 아버지는 양반 자제로 경기도 광주 집안의 장남이셨고 가부장적이셨으며 학문을 좋아하시고 친구도 좋아하셨답니다. 자식들에게는 한없이 따뜻한 분이셨지만, 어머니에게는 무뚝뚝한 분이셨죠. 아버지를 따라 집안 묘사(墓祀)에 같이 가곤 했는데 정말 맛이 없는 시루떡이 아직도 기억에 남네요. 아버지 냄새는 항상 땀 냄새와 담배 냄새로 기억이 나요. 평생 일하시면서 주변의 권유로 노동운동(한국노총의 전신)도 하셨고 선거 관리 위원 등의 활동도 하셨습니다.

Question 진로 결정 시 가장 영향을 많이 준 멘토는 누구인가요?

중학교 1학년 때 담임선생님이었던 수학 선생님이 진로 결정에 결정적이셨죠. 나이가 많으신 분이었고 거의 한 번도 양복을 안 입은 적이 없을 정도로 철저하신 분이셨던 거로 기억해요. 하지만 인자하셔서 열정과 인내심을 가지고 수학을 가르쳐 주셨어요. 그때부터 수학에 관심을 두고 공부하게 됐었지요.

▶ 2018년 일본 도쿄 수소연료전지 전시회 참관차 출국하면서

치밀한 성격이 정확한 공학으로

▶ 청정수소 저장 장치_태양광으로 물전기분해 후 수소생산
(수소와 공기가 스텍이라는 화학 반응장치에서 반응하여 전
기와 열이 나오는 장치로 위험하지는 않고 가정에서 전기와
열을 자체 생산하는 친환경 장치이다)

▶ 수소협회회장 이치윤 회장과 함께

Question 화학 관련학과를 전공하게 된 계기는 무엇이었나요?

수학을 전공하려고 하였으나 취직이 잘되는 화학을 선택하게 되었죠.

Question 대학교에서 전공 수업은 어떠셨나요?

3학년까지 화학에 특별한 관심이 없었으나 양자화학을 듣고 수업에 관심을 두게 되었어요. 양자화학은 수학을 잘 해야 이해가 가능한 학문입니다. 제가 수학을 잘해서 유기 화학과 무기화학 교수님이 잘못 가르치는 부분을 집어냈 던 기억도 나네요. 단순히 외우는 공부가 아닌 철저한 이해 를 기반으로 공부하다 보니 그때부터 일등을 계속했었죠. 전공 에서 일등을 했기에 경북대학교 석사를 미국 대학교에서 석사로 인정받았답니다. 그래 서 미국에서 바로 박사 과정으로 입학하면서 부상으로 75달러도 받았죠.

Question 대학 시절 현 직업에 영향을 미친 특별한 경험이 있었나요?

대학 시절 가스 충돌 시 에너지 전달을 수학으로 모사하면서 가스에 관하여 관심을 가 졌는데 계산과 실제 상황이 정확히 일치하더라고요. 온도나 압력, 엔탈피의 계산치가 실 제 실험치를 비교했을 때 거의 정확하게 계산되더라고요. 정말 신기하다고 생각하면서 더욱 몰두하게 되었죠.

직장생활 중 특별히 기억에 남는 에피소드가 있으신지요?

암모니아를 고순도로 정제하여 국내 최초로 디스플레이 사업에 이바지한 것이 기억에 남네요. 안산에 있는 대성산소연구소에서 아산화질소를 연구했는데 이때 암모니아도 가능하다고 판단했습니다. 1999년 3월 호서대에서 교수를 시작하면서 아토와 공동으로 암모니아 정제 플랜트에 성공했어요. LED 청색 구현에 절대적인 재료가 암모니아였으며 이를 토대로 원재료 대비 60배의 수익을 창출하게 되었죠. 삼성과 현대 하이닉스에 납품하여 국내 산업 발전에 도움을 줄 수 있었답니다.

Question **처음부터 교사나 교수를** 꿈꾸셨나요?

저는 기질적으로 가르치는 것을 좋아했던 것 같아요. 종종 친구들을 가르치면서 교사의 꿈을 꾸었죠.

Question **교수님 이전의 직업이** 있으시다면 무엇이었나요?

원자력연구소 양자광학부에서 개발한 레이저를 가지고 공기 중 미량 존재하는 방사성 물질을 포집하여 농도를 알아내는 연구를 진행했었죠. 누가 언제 핵실험을 했는지를 알 수 있는 주요한 연구입니다.

Question 화학공학기술자가 되기 위해 어떤 공부가 중요한가요?

아무래도 수학이 필수적이죠. 특히 미적분 방정식 공부를 심도 있게 해야 합니다. 컴퓨터 공부도 중요하고요. 그리고 영어와 같은 어학 실력도 중요합니다, 영어로 된 원서들을 이해하고 소통해서 내 것으로 만들어야 하는 경우가 많죠.

Question 직업으로 화학공학기술자를 선택하시게 된 계기가 있나요?

현대사회에서 화학공학은 일상생활과 아주 밀접하게 연루되어 있습니다. 아마도 그런 이유로 화학공학기술자의 길을 선택하게 되었던 것 같네요.

Question 화학공학기술자가 된 후 첫 업무는 어떤 것이었나요?

가스 불순물 분석과 불순물을 제거하는 방법을 연구 개발했습니다. 미국에서 박사학위를 취득하고 선임연구원으로 원자력연구소와 대성산소연구소에서 근무했었는데 가르쳐 주는 사람이 없어 힘들었답니다. 독학으로 따라가느라 고생을 많이 했지요.

Question 현재 하고 계신 일에 대한 설명 부탁드립니다.

호서대학교 화학공학과, 가스공학과에서 공장 설계 등을 가르치고 있습니다, 수소 연료전지 등을 현재 연구개발 중이고요.

Question 수소 연료전지 에너지에 관해 좀 더 알고 싶은데요.

수소와 공기가 스택이라는 화학 반응장치에서 반응하여 전기와 온수가 나오는 장치입니다. 위험하지는 않고 가정에서 전기와 온수를 자체 생산하는 친환경 기기입니다. 향후 자동차는 기존의 내연기관이 아니라 수소를 이용한 연료전지나 전기가 주를 이룰 거라 봅니다. 이것을 현실화시키는 것은 역시 시장 논리죠. 가격이 기존 화석연료보다도 싸야 보급이 잘 되겠죠. 이를 위하여 현재 많은 사람이 연구에 매진하고 있습니다.

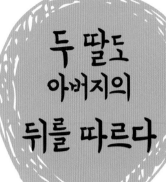

두 딸도
아버지의
뒤를 따르다

▶ 사랑하는 가족들과 함께

▶ 업무관련_독일 뮌헨 수소충전소 방문

▶ 업무관련_폴란드_테크노파크협의

Question 직업적인 혜택에 만족하시나요?

학교 교수로서 근무 여건이 매우 만족스럽죠. 연봉은 회사 고문 등을 포함해서 2억 원정도 됩니다.

Question 화학공학기술자가 되고 나서 새롭게 알게 되신 점이 있을까요?

학문 간의 전공 융합이 매우 중요하다는 걸 알게 되었죠. 예를 들면, 탱크, 열교환기 등은 기계공학과의 협업이 중요합니다. 화학공학자인 제가 스테인리스 통을 80도로 가열하기 위하여 물주머니를 만들고 80도의 물을 공급하였는데 이때 스테인리스 물주머니가 불룩하게 튀어나와서 폐기 처분하게 되었죠. 이때 기계공학과에서 강도 등을 계산하였더라면 예산을 절감할 수 있었을 거예요.

Question 향후 화학공학기술자의 과제는 무엇일까요?

예전의 환경오염의 주범이 석유화학기술을 포함한 화학공학자의 책임이라고 한다면이 문제의 해결도 역시 화학공학자의 몫이죠. 결자해지(結者解之)란 말이 있잖아요. 현재이산화탄소 배출, 수질오염, 등의 문제를 해결할 수 있는 가장 중요한 분야가 화학이라고생각합니다. 탄소중립의 중요성과 더불어 화학공학자의 역할이 점차 커지리라 봅니다.

원익머트리얼즈에서 삼성전자와 현대하이닉스의 반도체 공정용으로 사용되는 아산 화질소, 이산화탄소, 암모니아 고순도(99.9999%이상) 플랜트를 완성한 다음 삼성전자에서 합격을 받아 성공적으로 판매하였을 때가 큰 보람을 느꼈습니다.

Question 힘들었을 때도 있었을 텐데요?

공장 건설 중 직원들이 문제를 일으킬 때나 직원끼리 갈등이 생길 때는 힘들었어요.

Question 일하시면서 스트레스를 어떻게 푸시나요?

조깅을 통해 땀을 흘려서 해소합니다.

Question 교수님의 앞으로 삶의 계획은 무엇인가요?

화학공장은 막대한 투자가 필요합니다. 투자자를 구하고 사업계획을 준비하고 인허가 등을 받기 위하여 관공서 사람들과 의견을 나누죠. 마치 화학공학자가 오케스트라 지휘자처럼 느껴집니다. 또한 소통을 위하여 영어 공부를 매일 하고 있는데 벌써 미국에서 귀국한 지 27년째 매일 아침 20분씩 공부하고 있습니다. 매일 2시간씩 운동하고 있고, 나이가 들수록 인맥의 폭이 넓어지고 있습니다. 실수를 줄이고 정신건강을 위하여 골프 운동에도 힘쓰고 있습니다.

Question 최근 화학공학 분야에서 가장 인기 있는 분야는 무엇인가요?

기존의 석유화학을 뛰어넘는 고정밀 합성화학 분야입니다. 예를 들면 제약 분야, 특히 요즘 세계적으로 문제가 되는 코로나바이러스 대처를 위한 백신 개발과 치료 약물 합성 분야가 뜨고 있죠. 또한 대체 에너지 분야 배터리 등의 에너지 저장을 위한 물질 개발, 세계적으로 문제가 되는 환경문제, 예를 들면 대기 중 배출된 이산화탄소 흡수 제거 문제, 생명 공학 산업, IT 산업의 기초 소재 개발 사업 등이 현재 인기 있는 분야입니다.

Question 직업으로서 화학공학기술자가 매력 있는 분야라고 생각하시나요?

제가 딸이 셋입니다. 전부 다 화학공학을 전공하기를 원하지만, 막내딸은 디자인 공부를 하고 있어요. 하지만 두 딸은 연료전지 분야와 화학공학 박사 공부를 하고 있습니다. 정말 가치 있는 학문이어서 권하고 싶습니다.

Question 마지막으로 학생들에게 해주고 싶은 말씀이 있으신가요?

사회에서 최고로 많이 필요로 하는 분야가 바로 화학공학입니다. 모든 산업에서 화학공학자가 필요합니다. 여러분이 좋아하는 분야를 다 여기서 찾을 수 있답니다. 화학공학의 분야는 무궁무진하기에 관심을 두고 도전하시길 바랍니다.

어린 시절에는 그림그리기와 축구에만 관심이 있었으나, 중학교 입학 후 영어 및 과학 경시대회를 준비하고 수상하게 되면서 공부에 흥미를 느끼게 되었다. 고등학교 때 화학전공 담임선생님의 영향으로 화학을 좋아하게 되었고, 고려대학교 화공생명공학전공을 지원하여 입학했다. 대학 졸업 후 대우엔지니어링㈜에 입사하여 현재는 포스코건설 프로세스 ENG그룹에서 엔지니어(기술사)로 근무 중이다. 주된 업무는 LNG(액화천연가스) 인수 기지(LNG Receiving Terminal)를 설계하는 것으로 공정설계(Process Engineering) 리드 엔지니어(Lead Engineer)를 맡고 있다. 2017년 당시 최연소로 가스기술사 자격증을 취득하였고, 그 이후 화공기술사, 화공안전기술사를 연이어 취득하여 총 3개의 국가기술사 자격증을 보유하고 있다. 지금도 끊임없이 전문지식을 배우면서 경력을 쌓고 있으며, 화학 산업 발전에 도움이 되기 위해 노력 중이다.

포스코건설 프로세스 ENG그룹
박철진 엔지니어(기술사)

현) 포스코건설 프로세스 ENG그룹 엔지니어(기술사)
현) 한국가스기술사회 협력소통이사
• 대우엔지니어링㈜ 공정설계그룹
• 한국가스안전공사 가스기술사 담당 외래교수
• 한국가스기술사회 안전교육분과 위원
• 고려대학교 공과대학 화공생명공학과 졸업
• 가스기술사, 화공기술사, 화공안전기술사 자격증 취득

화학공학기술자의 스케줄

박철진
기술사의
하루

24:00 ~
▸ 취침

06:30~08:00
▸ 기상
▸ 아침 식사 및 출근 준비

21:00 ~ 24:00
▸ 개인 정비
(집안일, 독서,
컴퓨터 작업 등)

08:00 ~ 18:00
▸ 오전 근무
▸ 점심시간(1hr)
▸ 오후 근무

19:00 ~ 21:00
▸ 운동

18:00 ~ 19:00
▸ 퇴근 후 저녁 식사

경시대회를
준비하며 공부
내공을 쌓다

▶ 어린 시절 형과함께

▶ 소풍 나들이

▶ 어린 시절 엄마와 함께

어린 시절에 꿈이 있었나요?

어린 시절 무엇을 만들어 내는 과정이 굉장히 즐거웠기에 발명가가 되고 싶은 꿈이 있었어요. 축구를 좋아해서 축구 선수가 되고 싶다는 생각도 했었습니다.

Question

공부에 흥미를 지니게 된 시점은 언제였나요?

중학교 입학 후에 좋은 선생님들을 만나면서 공부에 점차 재미를 붙이게 됐어요. 집안 형편이 여유롭지 못해 학원 수업이나 과외를 받아보지 못했지만, 학교 수업 시간에 선생님께서 하시는 말씀 한마디, 한마디를 놓치지 않기 위해서 열심히 집중했답니다. 고등학교 시절 야간 자율학습 시간에는 그날 배웠던 과목을 복습하고, 모의고사 오답 노트를 정리하면서 부족한 부분을 채우려고 노력했어요. 잘하려면 그저 열심히 노력하는 수밖에 없다고 생각해서 주말에도 도서관에서 자정까지 묵묵히 공부했죠. 학창 시절 꿈을 향해서 열심히 노력하던 습관과 그 노력으로 목표를 이뤄낸 성취감은 제 인생에 큰 자산이 되었습니다.

Question

좋아했던 과목이나 분야가 있으셨나요?

초등학생 때에는 체육과 미술을 가장 좋아했고 공부에는 크게 관심이 없었습니다. 중학교 입학 후 좋은 선생님들께서 지도해주신 덕분에 공부의 흥미를 느끼게 되었고 수학과 과학을 좋아하게 되었습니다. 그러나 영어는 정말 어렵게 느껴졌고 다른 과목보다 성적이 좋지 않았죠. 영어를 잘하고 싶은 마음에 중학교 1학년 여름방학 때 영어 문법책 1

권, 영어 단어책 1권을 여러 번 반복해서 암기했습니다. 그 결과 교내 영어 경시대회에서 우수한 성적으로 상장을 받게 되었죠. 그 이후 자연스럽게 영어 과목도 좋아하게 되었습니다. 열심히 공부한 노력이 쌓여서 좋은 결과로 이어질 때마다 큰 기쁨과 성취감을 느꼈던 것 같아요. 그런 성취감이 더욱더 열심히 공부하게 되는 계기가 되었고요.

Question 학창 시절 어떤 성향의 학생이었나요?

무엇이든 적극적으로 나서는 자세로 임했던 것 같아요. 무슨 일이든 성실하게 최선을 다하는 모습에 친구들과 선생님들의 신뢰를 얻어 반장을 도맡아 했습니다. 반장을 하면서 꼼꼼하게 주변 사람들을 챙기는 마음과 책임감, 리더십까지 자연스럽게 기를 수 있었어요. 특히 항상 열심히 공부하는 모습이 학습 분위기를 더욱 좋게 만들었고 친구들에게도 좋은 영향을 주었던 것 같아요.

Question 부모님의 기대 직업과 본인의 희망 직업 사이에 갈등은 없었나요?

부모님께서는 법학과를 가서 판사가 되기를 기대하셨지만, 저는 수학과 과학을 좋아해서 이공계를 선택했고, 부모님께서 제가 하고 싶은 것을 크게 반대하지 않으셨어요. 희망직업이라는 뚜렷한 목표는 대학진학 전까지는 없었고, 흥미를 따라서 화학전공을 선택했어요. 대학 진학 후에 구체적인 진로를 결정했습니다.

 **중고등학교 학창 시절에 진로에** 도움이 될 만한
활동이 있었나요?

저는 과학 경시대회를 준비했던 경험이 여러 가지로 큰 도움이 되었습니다. 시내 경시대회에서 동상을 수상한 결과도 보람 있었지만, 입상 여부를 떠나 경시대회 준비과정이 진로 결정에 큰 도움이 되었죠. 수학과 과학 실력을 업그레이드할 수 있었던 좋은 기회였습니다. 특히 이공계를 희망하는 학생들이라면 수학이나 과학 경시대회를 준비해보기를 강력히 추천합니다.

진로 결정 시 도움을 준 사람이 있었나요?

고려대학교 화공생명공학과 선배님들이 취업 후에 어떤 일을 하는지와 회사에서 마주하는 여러 가지 경험을 알려주신 것이 진로 선택에 영향을 많이 주었습니다. 지도 교수님도 진로에 관한 조언을 많이 해주셨죠. 아무래도 전공이 제 적성과 잘 맞아서 진로를 선택할 때 큰 어려움은 없었던 것 같아요.

화학 관련 학과를 전공하게 된 계기는 무엇이었나요?

수치상으로 딱 맞아떨어지는 수학과 과학을 좋아하다 보니 자연스럽게 이과를 가게되었죠. 과학 중에서도 특히 화학을 가장 좋아했고 자신 있었습니다. 고등학교 2학년 담임선생님께서 화학전공이셨고, 선생님께 질문하면 항상 쉽고 친절하게 설명해주셨어요. 그 덕분에 화학을 더 좋아하게 되었고 자연스럽게 화공생명공학과에 지원하게 되었습니다.

전문지식을
바탕으로
모든 일을 꼼꼼하게
관리하라

▶ 의경 군복무 시절

▶ 2010년 고려대학교 졸업 사진

▶ 대학교 졸업식에서 아버지와 함께

대학 생활은 어떠셨나요?

    대학 생활을 시작할 때 이젠 입시전쟁이 끝났다는 해방감으로 정말 행복했었습니다. 대학교 1~2학년 때는 선후배들과 많이 어울려서 놀았고, 특히 대학축제(입실렌티, 고연전)도 신나게 즐겼습니다. 시험 기간에는 밤새워 공부해야 했지만, 그것 또한 추억이 되었죠. 군대 전역 후에는 여러 가지 스펙(영어, 플랜트 교육)을 쌓고 학점관리를 위해서 도서관에서 있는 시간이 많았습니다. 영어스터디 그룹, 취업스터디 그룹을 통해 서로 정보를 주고받으면서 공부하고 취업 준비를 했고요. 지금 생각해보면 힘들었던 순간들도 있었지만, 정말 즐거웠고 소중한 기억들이 많습니다.

Question 대학 시절 교내·외 활동에서 특별히 기억에 남는 에피소드가 있으신지요?

    대학교 4학년 겨울방학 때 10주간 플랜트 교육을 들었습니다. 여러 플랜트 회사(건설사, 엔지니어링사)에 재직 중인 실무진이 직접 플랜트 이론과 실무에 관한 내용을 알려주시고 플랜트 현장 체험도 할 수 있는 프로그램이었죠. 대학 졸업을 앞두고 직장생활에 대한 막연한 두려움이 있었는데 그러한 경험이 두려움을 없애주었고, 교육을 통해서 얻게 된 자신감으로 면접을 볼 때 많은 도움이 되었습니다.

Question 대학 시절 및 이전의 커리어가 현 직업에 미친 영향이 있었나요?

현재 제가 담당하고 있는 공정설계(Process Engineering)의 대부분 업무가 전공지식을 바탕으로 해야 하는 일입니다. 대학에서 배운 전공과목인 '유체역학, 열역학, 분리 공정, 열 및 물질전달' 등을 그대로 살려서 업무를 수행하고 있습니다. 그래서 대학교 때 열심히 전공 공부에 매진한 것이 가스기술사, 화공기술사, 화공안전기술사 자격증 취득뿐만 아니라 현재 커리어에 매우 도움이 되고 있습니다.

Question 직업으로 화학공학기술자를 선택하시게 된 계기가 있나요?

사실 화학공학을 전공으로 취업할 수 있는 분야는 꽤 많아요. 하지만 저는 화학공학 전공지식을 살려 화학 산업에 이바지하겠다는 포부를 가지고 있었기에 화학공학기술자가 주체가 되는 공정설계(Process Engineering)업무를 하고 싶었습니다. 그래서 도전하기로 한 직업이 화공 플랜트 엔지니어(화학공학기술자)였죠. 학부 전공 공부가 적성에 맞았던 것처럼 공정설계 엔지니어(Process Engineer)로서 설계업무도 잘 맞아서 현재까지 꾸준히 이 일을 하고 있습니다. 일하면서 힘든 점도 많지만 화학공학기술자로서 자부심을 느끼면서 경력을 쌓아 가고 있어요.

Question 현재 직업 이전의 다른 직업이 있으셨나요?

대학 졸업 후에 바로 취업하여 현재까지 같은 회사에서 11년째 일하고 있습니다. 그래서 현재 직업 이전의 직업이라고 하면 대학 생활 중에 했던 과외교사라고 할 수 있겠네요. 열심히 지도해서 성적이 오르는 학생들을 볼 때면 제가 성적이 오른 것만큼 기뻤던 기억이 납니다.

대학 졸업 후에 어떤 경력을 거치셨는지 알려주시겠어요?

2010년 포스코 그룹사인 대우엔지니어링㈜에 입사하여 현재는 포스코건설의 프로세스 ENG그룹에서 일하고 있습니다. 주 담당업무로는 국내외 LNG Receiving Terminal(LNG 인수기지) 프로젝트에서 공정설계(Process Engineering)를 맡고 있습니다. 플랜트 건설의 시작은 공정설계입니다. 공정설계에서 나오는 모든 성과물(Product)이 다른 설계부서(기계, 배관, 전기, 계장, 토목, 건축설계 등)에 전달되어 최종적으로 설계(Engineering)가 완성되죠. 그리고 완성된 설계문서를 바탕으로 기자재 구매(Procurement)와 시공(Construction) 및 시운전(Commissioning)이 이뤄집니다. 이렇게 공정설계업무는 모든 프로젝트의 선행업무예요. 프로젝트의 시작을 잘해야 한다는 책임감이 막중하지만, 그만큼 중요한 일을 하고 있다는 자부심을 느끼며 일하고 있어요. 제가 수행했던 대표적인 국내외 Project는 다음과 같습니다.

수행년도	수행 프로젝트
2011년	광양 LNG터미널 LNG 저장탱크(4호기) 증설공사
2013년	광양 LNG터미널 No.3 기화송출설비 증설공사
2015년	광양 LNG터미널 LPG 저장탱크 증설공사
2017년	광양 LNG터미널 LNG 저장탱크(5호기) 증설공사
2018년	포항 고망간강 실증탱크
2019년	인도네시아 T.S. LPG 저장탱크(프로판/부탄)
2020년	광양 LNG터미널 No.4 기화송출설비 증설공사
2020년	광양 LNG터미널 LNG 저장탱크(6호기) 증설공사
2021년	광양 LNG터미널 LNG 저장탱크(7&8호기) 증설공사

▶ 직접 공정설계에 참여한 POSCO 광양 LNG터미널 LPG 저장탱크 준공 사진 (2016년)

Question 화학공학기술자가 된 후 첫 업무는 어떤 것이었나요?

입사 후 3개월 동안 신입사원 Pilot 교육을 받았습니다. 주로 플랜트 설계의 기초가 되는 배관 및 계장 도면(Piping & Instrument Diagram), 플랜트를 구성하는 설비들의 사양서(Equipment Data sheet) 등을 작성하는 업무를 배웠어요. 3개월간의 Pilot 교육 이수 후, Gas Project Team으로 지원하였고, 팀의 주니어 엔지니어로서 업무를 시작하게 되었답니다. 주니어 엔지니어로서 처음 맡게 된 업무는 펌프 Hydraulic 설계, 열교환기 설계, 안전밸브 Sizing 등의 기초 업무였어요. 기초 업무였지만 실수하지 않고 완벽히 업무를 잘 끝내고 싶은 욕심에 업무 노트를 꼼꼼히 작성해서 정리했습니다. 신입사원 때부터 정리한 업무 노트는 지금까지도 큰 도움이 되고 있답니다.

Question 일할 때 가장 중요하게 생각해야 할 부분은 무엇인가요?

화학공학기술자로서 업무에 임할 때는 항상 Project의 목표(Goal)가 무엇인지를 고려하면서 의사결정을 해야 합니다. 그 목표를 달성하기 위해서 일의 우선순위를 정해 스케줄을 계획하고 관리해요. 목표를 항상 되새기며 계획대로 실행되고 있는지 정기적으로 점검하면서 동료들과 협업을 통해 일을 진행하는 것이 정말 중요하답니다.

Question 화학공학기술자가 되고 나서 새롭게 알게 된 점은 무엇인가요?

화학공학기술자가 속해있는 공정설계부서는 Project의 선행부서입니다. 전체 프로젝트의 성공을 위해서는 화학공학기술자의 전문성, 판단력, 책임감이 크게 요구되죠. 또한 화학공학기술자로서 기술적 지식뿐만 아니라 사업적인 마인드를 가져야 합니다. 프로젝트에서 경제적인 이익을 얻을 수 있도록 해야 하기에 사업적인 지식도 갖추어야 하고요. 해외 프로젝트를 수행할 때는 영어를 사용한 문서를 다루고, 해외 기업과 의사소통도 해야 하죠. 그래서 영어는 필수라고 할 수 있죠. 엔지니어로서 영어를 잘할 수 있다면 더욱 경쟁력 있는 엔지니어가 될 수 있을 겁니다.

Question 프로젝트를 수행하시면서 가장 보람을 느낄 때는 언제인가요?

제가 설계한 프로젝트를 완전하게 성공적으로 마무리(시운전) 지었을 때 가장 큰 보람을 느끼죠. 특히 인도네시아에 파견 가서 진행했던 프로젝트는 현지인들과 영어로 모든 업무를 진행했기에 국내 프로젝트보다 업무강도가 높았어요. 힘들었던 해외 현장에서 시운전까지 성공적으로 잘 마무리 짓고 한국으로 복귀하였을 때 매우 뿌듯했죠.

 ▶ 해외(인도네시아) LPG 저온저장탱크
시운전 중 (2019년)

▶ 설계 업무 중인 모습

화학공학
기술자로서의
자부심

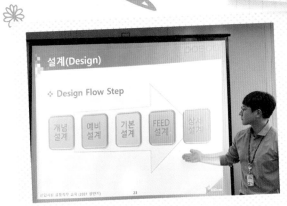
▶ 사내강사로 신입사원 교육

▶ 국내현장 근무 모습

▶ 사랑하는 아내와 함께

화학공학이 우리 사회에 끼치는 영향은 어느 정도인가요?

　화학공학은 화학 이론과 실험을 통해 거듭 발전하였고, 화학 산업을 support하여 부가가치를 만들었죠. 화학산업 분야로는 기초산업에서부터 가스제조 분야, 건설업 분야, 첨단정밀화학 분야, 환경&신재생에너지 분야, Bio 산업, 의료산업 분야 등에 이르기까지 범위가 아주 넓습니다. 우리가 쉽게 일상생활에서 사용하고 있는 자원과 에너지는 화학공학의 기술을 바탕으로 만들어진 산물이라고 보시면 됩니다. 우리가 지금 사는 세상은 과학(화학)과 기술(공학)이 만나 발달한 화학공학이 있기에 더 많은 문명적 혜택을 누릴 수 있게 되었습니다.

Question 여러 개의 국가기술사 자격증을 취득하셨던데요?

　네, 기술사(기술사: 해당 기술분야에 관한 고도의 전문지식과 실무경험에 입각한 응용능력을 보유하고 국가기술자격 검정시험에 합격한 사람)는 엔지니어로서 취득할 수 있는 국가기술 자격증 중에 최상위 자격증이예요. 기술사 자격증도 여러가지 분야가 있는데요, 저는 화학공학 전공으로 취득할 수 있는 『가스기술사, 화공기술사, 화공안전기술사』 이렇게 세 분야의 자격증을 모두 취득했어요. 기술사 자격증 준비할 때에는 퇴근 후의 시간과 주말내내 자격증 공부에 매달렸어요. 열심히 노력해서 좋은 결과를 얻게 되어 정말 기쁩니다. 국가 기술사 자격증 취득으로 인해 회사에서 매달 자격 수당을 받고 있고, 한국가스안전공사에서 강의 기회도 생겼습니다. 기술사 자격증 취득 노하우를 공유하려고 현재 개인 블로그도 운영하고 있어요. 이렇게 제 지식을 유용하게 쓸 수 있는 일들이 생기면 기쁜 마음으로 적극적으로 참여하고 있고, 또 이런 기회들로 저 또한 성장할 수 있어서 뿌듯합니다.

화학공학기술자가 되기 위해 어떤 준비를 해야 할까요?

화학공학기술자가 되기 위해서는 기초적인 공학 지식은 기본이고, 화학공학 전공을 선택해서 화공전공지식을 심도 있게 습득하는 것이 무엇보다 중요하다고 생각합니다. 화공 실무에서는 무엇보다 공정 모사 시뮬레이션 프로그램을 잘 다룰 줄 알아야 하죠. 이 시뮬레이션 Tool은 화공 지식을 집대성한 겁니다. 학부에서 공정설계 과목을 배울 때 Aspen HYSYS, PRO II 등의 프로그램을 배울 수 있으며, 실무에서 이 프로그램을 사용합니다. 이러한 소프트웨어를 잘 다룰 줄 아는 것이 실무에 투입되었을 때 큰 도움이 되기에 학부 수업으로 접하게 될 때 확실히 배워 두어야 합니다. 그리고 화공기술적인 것도 중요하지만 영어를 잘해야 합니다. 화학공학기술자로서 일할 때 해외 발주처(Owner)나 해외 업체(Vendor)를 만나게 되죠. 이런 해외 업체들과 전문 용어(Terminology)나 기술적인 이슈(Issue)들을 전부 영어로 의사소통해야 하는데, 기본적으로 영어 능력이 뒷받침되어야 기술적인 Communication이 가능합니다. 화공 지식에 영어 능력까지 갖춘다면 훌륭한 화학공학기술자가 될 수 있을 거예요.

Question **일하시면서 힘든 순간도 있었을 텐데요?**

LNG 저장탱크 시운전하기 위해서 2교대 야간근무를 했던 기억이 납니다. 안전사고 없이 시운전을 마쳐야 하므로 시운전 기간에는 교대근무로 야간에도 일합니다. 야간에 일하는 시간이 길어질수록 피곤이 극에 달해서 신경이 곤두서고 체력적, 정신적으로 매우 힘들었어요. 그때 현장 소장님께서 새벽에도 근무지에 방문해주시고 간식도 챙겨주시는 등 많은 격려를 해주셔서 힘든 시간을 잘 이겨낼 수 있었지요.

스트레스를 어떻게 푸시나요?

　스트레스를 많이 받으면 주로 음악을 들으며 주변을 깨끗이 정리 정돈합니다. 주변을 정리하다 보면 마음이 차분해지고 생각도 정리되거든요. 스트레스 받을 때는 파편처럼 흩어진 생각들을 정리할 시간을 갖는 것이 정말 중요하다고 생각합니다.

Question

앞으로 화학공학기술자로서 삶의 목표는 무엇인가요?

　개인적인 목표는 화학공학기술자로서 플랜트 설계에서부터 시운전까지 통달한 플랜트 건설 분야의 전문가(Master)이자 기술 컨설턴트(Technical Consultant)가 되는 겁니다. 이러한 비전 때문에 엔지니어로서 3개의 관련 기술사 자격증을 취득했거든요. 앞으로도 업무와 관련된 공부는 쉬지 않고 끊임없이 배우기 위해서 노력할 거고요. 제가 가진 전문지식, 기술적 능력, 경험을 활용해서 화학 산업 발전에 도움이 되고 싶습니다.

Question

친한 이들에게 화학공학기술자라는 직업에 대하여 추천 의사가 있으신지요?

　화학공학(Chemical Engineering) 전공을 하는 지인이 있다면 화학공학기술자를 추천해 주고 싶어요. 특히 제 직업인 플랜트 공정설계 엔지니어를 추천하고 싶군요. 플랜트 엔지니어링에서 '공정설계(Process Engineering)'는 사람으로 따지면 두뇌(Brain)에 비교할 수 있습니다. 그만큼 전체 Project에서 주체가 되어 중요한 선행업무를 담당하는 것이 화학공학기술자(공정설계 엔지니어)입니다. 직접 설계한 플랜트가 설계 도면(P&ID)대로 준공이 되어 상업 운전(Commercial Operation)을 하는 모습을 볼 때면 공정설계자로서 큰 보람과 성취감을 느낄 수 있어요. 성과에 따른 확실한 보상이 주어지는 것도 이 직업의 매력이라고 할 수 있지요.

펼쳐질 인생에 대한 막연한 두려움과 걱정이 앞서던 학창 시절에 저는 깜깜한 터널을 걷는 듯한 느낌이었어요. 원하는 꿈과 목표를 이루기 위해서는 반드시 나아가야 합니다. 어떤 꿈이든 포기하지 않고 걸어가다 보면 터널 끝에서 눈부신 세상과 만날 수 있을 거예요. 중고등학교 때 쉽게 목표에 도달하는 뾰족한 수가 없을까? 고민한 적도 있었죠. 그러나 당시 제가 할 수 있었던 것은 무조건 다른 사람들보다 많은 시간을 들여서 열심히 노력하는 방법밖에 없었어요. 지금 돌이켜보니 열심히 노력했던 그 시간이 다른 어떤 방법보다 가장 빠른 길이 아니었나 싶네요. 주어진 현재의 기회가 가장 좋은 기회라고 생각하고 최선을 다해서 노력하길 바랍니다. 화학공학기술자가 되길 원하는 학생들에게 제 글이 작게나마 도움이 되고 용기가 되었으면 좋겠습니다. 앞으로 국내에 능력 있는 화학공학기술자가 많이 배출되어 미래의 화학 산업을 이끌어나갈 리더가 되어주길 진심으로 바랍니다.

고려대학교와 한국과학기술원(KAIST) 화학공학과에서 각각 학사와 석사를 취득하였다. 졸업 후에 산업체에서 연구 경력을 좀 더 쌓기 위해 산학 장학생으로 대전 LG화학기술연구원에 입사하였고, 약 2년간 음이온 중합 반응을 연구하였다. 그런 후에 원천 기술 개발을 위한 연구 수행을 하고 싶어서 KIST(한국과학기술연구원) 연구원으로 들어가 연료전지연구센터에서 4년간 실험을 통한 에너지 변환용 소재(연료전지용 촉매와 세라믹 재료) 개발 분야에서 연구 활동을 했다. 이러한 실험을 통한 소재 개발은 수많은 시행착오를 통해서 이루어지기에 많은 시간과 노력이 필요한 과정이었다.

보다 체계적이고 과학적으로 소재를 개발하기 위해서 미국 University of Texas at Austin 화학공학과로 유학하게 되었고, 양자역학에 기반 한 원자 레벨 모델링, 계산 반응 공학, 표면 화학을 연구하였다. 박사학위 취득 후 KIST에 복직하여 선/책임연구원으로 양자역학 계산과학을 사용한 고성능 에너지 변환용 소재 개발에 관한 이론적인 설계를 약 8년간 수행하게 된다. 현재 인하대학교 화학공학과 교수로 근무하면서 화학공학 인력 양성과 더불어 신소재를 개발 중이다.

신소재 설계화학공학 전문가
함형철 교수

현) 인하대학교 화학공학 부교수
- KIST 연료전지연구센터 선/책임연구원
- KIST(한국과학기술연구원) 연구원
- LG 화학기술연구원
- 미국 University of Texas at Austin 화학공학과 박사
- 한국과학기술원(KAIST) 화학공학과 석사
- 고려대학교 화학공학과 학사

화학공학기술자의 스케줄

함형철
교수의
하루

07:00 ~ 09:00
▸ 기상 및 출근

21:00 ~
▸ 퇴근 및 취침

17:00 ~ 18:00
▸ 저녁

18:00 ~ 20:00
▸ 연구논문 작성

10:00 ~ 12:00
▸ 석/박사 대학원생과
연구 미팅

13:00 ~ 17:00
▸ 학부 전공 수업 준비
및 강의

12:00 ~ 13:00
▸ 점심 식사

야학 동아리
활동으로
삶을 이해하다

▶ 중학교 졸업사진

▶ 대학교 졸업식에서

▶ 대학교 야학 동아리 활동

강원도 춘천이 고향입니다. 성격은 내성적이었고 과학 관련 책 혹은 잡지를 읽으면서 혼자서 공부하는 것을 좋아했어요. 공무원이신 아버지와 주부인 어머니 밑에서 성장을 하였고 경제적, 정서적으로 잘 지원하고 응원해 주셨죠. 부모님은 제가 하는 일에 대해서 별로 간섭하시지 않았습니다. 제가 하고 싶은 것을 열정을 품고 열심히 하라고 말씀 하셨어요.

Question 학창 시절은 어땠나요?

중고등학교 시절엔 과학 분야에 관심이 많았고, 특히 화학을 좋아했습니다. 조용한 성격이었으며 혼자서 생각하는 것을 좋아했습니다.

Question 화학 관련 학과를 전공하게 된 특별한 계기는 무엇이었나요?

물질의 성질, 구조, 특성을 이해할 수 있는 화학 과목을 좋아했고 이러한 원리를 바탕으로 현대 사회에 필요한 새로운 물질을 공학적으로 개발하기 위해서 화학공학을 전공하게 됐습니다.

Question 대학 생활은 어떠셨나요?

학부 시절 다양한 화학공학 전공 수업을 들으면서 향후 현대 사회가 필요한 분야를 파악하고자 했습니다. 또한 제 적성에 맞는 분야를 찾으려고 노력했죠. 대학교 시절에 야학 교사로서 경제적 어려움으로 배움의 기회를 얻지 못한 학생들이 검정고시에 합격하도록 지도했었죠.

Question 야학 동아리 활동 중에 특별한 추억이 있으신지요?

야학 동아리 활동을 학부 2~3학년에 시작했고, 군대에 가기 전까지 했어요. 기억에 남는 것은 밤에 다양한 연령대의 학생(10대, 20대, 50대 등)에게 기초 영어 등을 가르치면서 검정고시 합격에 도움을 주었어요. 그분들과 대화하면서 그분들의 삶을 약간 이해할 수 있었죠.

Question 부모님의 기대 직업과 본인의 희망 직업 사이에 갈등은 없었나요?

부모님의 기대 직업은 없었고 제가 좋아하는 직업을 자유롭게 선택하라고 하셨습니다. 그래서 저는 화학 관련 분야에서 연구를 수행하는 과학자가 되기를 희망했었죠.

Question 학창 시절 진로에 도움이 될 만한 활동이 있었나요?

화학공학에 관심이 있다면 먼저 관련 도서를 다양하게 읽길 권합니다. 화학공학회 등에서 발간한 연구 동향에 관한 논문도 괜찮고요.

▶ KAIST 석사과정 연구실에서

Why를 바탕으로
한 문제 해결

▶ texas austin 대학 박사과정 유학 시절 가족사진

▶ 미국 텍사스 오스틴 유학 시절 심포지엄 참석 후

Question **진로 결정 시 도움을 준 사람이 있었나요?**

저는 지금 대학교에서 화학공학 신소재 개발을 원활하게 하기 위해서 양자역학 기반의 시뮬레이션 연구를 수행하고 있습니다. 이러한 전공 선택에 큰 영향을 주신 분은 저의 박사과정 지도를 맡으셨던 황경순 교수님 (미국 University of Texas at Austin 화학공학)입니다.

Question **황경순 교수님은 어떤 분이신가요?**
혹시 한국분이신가요?

황경순(Gyeong S. Hwang) 교수님은 한국분이십니다. 서울대 화학공학과를 졸업하시고 미국에서 박사학위(Caltech 화학공학과)를 취득하셨죠. 현재는 University of Texas at Austin 화학공학과에서 정교수로 근무하고 계시고 저의 박사학위 지도 교수님이셨죠. 전공은 재료의 양자 및 원자 레벨 시뮬레이션이고, 이 분야로 다수의 논문을(국제논문 150편 이상) 출판하여 국제적으로 유명하신 교수님이에요. 저의 학위 과정 동안 연구 방향에 관한 critical 제안을 많이 주셨고, 인간적으로도 많은 도움을 주셔서 박사학위를 무사히 마칠 수 있었답니다.

Question **교수 이전의 직업이 있으시다면 무엇이었나요?**

정부출연연구소인 한국과학기술연구원(KIST) 연료전지연구센터에서 연구원/선임연구원/책임연구원으로 일하면서 연료전지용 촉매를 개발하였습니다.

화학공학기술자가 되기 위해서 어떤 준비가 필요할까요?

    유능한 화학공학기술자가 되기 위해서는 다양한 분야를 융합하는 것입니다. 즉, 대학교에서 화학공학 core 과목에 관한 이해도를 높여야 하고, 이를 바탕으로 최근에 주목받고 있는 분야에 관한 지식도 넓혀야 합니다.

Question **화학공학기술자가 되기까지의 여정이 궁금합니다.**

    KAIST에서 석사학위를 취득한 후에 KIST 연료전지연구센터에서 연구원으로 실험에 기반 한 연료전지 구성요소를 개발하고 있었을 때였죠. Gyeong S. Hwang 교수님이 세미나 강연으로 KIST를 방문하셨어요. 세미나 내용은, 최신의 양자역학 기반의 계산을 이용하여 신촉매를 개발하는 것이었죠. 기존 실험에 기반한 연구는, 기술 개발을 할 때 여러 시행착오를 겪으면서 시간이 많이 드는 단점이 있습니다. 양자 계산과학은 촉매의 원리를 정량적으로 이해할 수 있는 기법이며 촉매 개발에 있어 시행착오를 크게 줄일 수 있는 장점이 있습니다. 그래서 이 분야로 박사학위를 취득하기로 하였습니다.

미국에서의 유학 생활이 궁금합니다.

유학한 도시는 텍사스 오스틴 지역입니다. 오스틴은 텍사스주 청사가 있는 도시며 인구는 약 250만 명입니다. 저는 늦은 나이에(30대 중반) 유학을 가족(아내, 딸)과 같이 함께 갔습니다. 유학 생활은 대부분 시간을 학교 연구실에서 연구 활동하면서 보내는 것이었죠. 즉, 아침 10시쯤 학교로 가서 연구 활동과 수업을 듣고 저녁 6시쯤 집에 와서 가족과 함께 저녁을 먹어요. 그런 후에 다시 학교로 가서 연구를 수행하였고 밤 10시 30분쯤에 집에 돌아왔습니다. 지도 교수님도 연구에 관한 열정이 높으셔서 대부분 시간을 연구실에서 보내셨고, 수시로 밤낮없이 연구 결과에 관한 토론을 했습니다. 학위 기간은 4년 반입니다. 이러한 생활 때문에 가족에게 잘해주지 못한 것이 아쉬움으로 남아있죠.

교수로 일하실 때 가장 중요한 부분은 무엇인가요?

연구할 때는 가장 필요한 것이 창의성입니다. 이를 위해서 수행하고 있는 주제에 관한 기본적인 지식 습득이 필요하고, 이를 바탕으로 'why'라는 질문을 계속해서 던져서 연구 문제를 해결하는 것이죠. 학부생들에게 전공과목을 강의하는 경우엔, 전공과목이 실제 산업과 연구 현장에서 어떻게 적용되는지 제시하는 것입니다. 또한 석/박사과정 학생들과 함께 연료전지, 수소 에너지에 사용되는 촉매 소재를 개발하는 연구를 수행하면서 해당 분야에 리더가 될 수 있는 차세대 연구자를 육성하는 것도 중요하죠.

현재 하시는 일에 관해서 자세히 알고 싶습니다.

저는 인하대학교 공과대학 화학공학과에서 교수로서 근무하고 있습니다. 인하대학교 공대는 1954년 설립되어 70년이 가까운 역사와 전통을 자랑합니다. 시대를 선도하는 인재, 문제 해결 능력과 창의성, 올바른 가치관과 윤리의식을 갖춘 인재 양성을 목표로 하는 국내 최고의 공과대학이죠. 담당업무는 연구와 교육입니다. 주 연구 분야는 양자역학 계산을 활용한 에너지 관련 소재 설계고요. 소재 성능을 예측하기 위해 컴퓨터를 활용한 원자 모델링을 수행합니다. 주요 강의 과목은 양자 및 원자 시뮬레이션, 화학공학 수치해석, 화공수학, 열전달입니다.

▶ 인하대 연구실 대학원생

 Question

화학공학기술자가 되신 후에 처음으로 어떤 업무를 수행하셨나요?

한국연구재단과 에너지기술평가원으로부터 연구책임자로 연구 과제를 수주하여 연료전지에 필요한 촉매 소재를 양자역학 시뮬레이션을 사용하여 설계하는 것이었죠. 교수로 임용된 후에 바로 정부 과제를 수주하였지만, 함께 연구할 대학원생이 없어서 학생을 모집하는 데 고민이 많았죠.

실력을
갖춘 자에게
운이 따른다

▶ KIST 연구실 대학원생

▶ KIST 선/책임 연구원

▶ 인하대 연구실 클러스터 컴퓨터

화학공학기술자에 관한 잘못된 통념이 있을까요?

보통 '화학공학기술자'와 '화학자'를 동일시하는 경향이 있습니다. 그러나 화학공학기술자의 역할은 화학자와 매우 다릅니다. 예를 들어, 어떤 화학자가 물질을 합성하는 방법을 연구했다고 가정합시다. 그런데 합성된 양이 비커 수준으로 매우 작다면 합성 비용은 커질 수밖에 없겠죠. 화학공학기술자는 화학자가 개발한 합성법을 경제적으로 만들어서 대규모 합성 공정으로 개발하는 것을 목표로 하죠. 그래서 화학공학기술자는 수학, 물리, 유체역학, 열/물질전달, 컴퓨터 모델링 기술 등에 관한 이해도가 높아야 합니다.

Question **최근에 일하면서** 성취감을 느꼈던 업적은 무엇인가요?

저의 주요 연구 분야는 양자역학을 활용하여 촉매 등의 신물질을 이론적으로 도출하여 실험팀과의 협업을 통해서 신물질을 개발하는 것입니다. 그래서 양자 계산 예측과 실험 측정 결과의 일치가 매우 중요합니다. 최근에 연료전지용 산소 환원 반응 촉매 개발을 위해서 소재를 구성하는 원자-원자 길이 및 전자 구조의 제어로 촉매 내부에 크롬이 추가된 이리듐 기반 합금 촉매를 양자역학 계산을 통해서 도출했습니다. 이러한 결과는 실험에 의해서 뒷받침되었죠. 즉, 연료전지 조건에서 안정성이 우수한 이리듐 기반 합금이 기존 백금이 갖고 있던 단점을 보완하여 촉매 소재로 활용할 수 있게 되었습니다. [Applied Catalysis B: Environmental 235, 177-185, (2018), US patent 10,186,172 (2019)].

Question 스트레스를 어떻게 푸시나요?

마음이 맞는 사람과 스트레스에 관해서 서로서로 이야기를 나누는 것입니다.

Question 화학공학 교수로서의 향후 목표를 듣고 싶습니다.

지구환경이 어느 때보다 중요한 화제가 된 시대입니다. 화학공학자로서 탄소 중립 사회의 실현을 앞당기는 것은 불가피한 소명입니다. 에너지와 환경 위기의 근원인 화석연료를 대체할 수 있는 연료전지에 필수적인 촉매 소재를 양자 및 원자 시뮬레이션을 통하여 개발할 겁니다. 또한, 대학교에서 교수로서 근무하면서 이러한 시뮬레이션 분야를 선도할 수 있는 차세대 전문가를 양성하는 것입니다.

Question 화학공학기술자를 꿈꾸는 청소년들에게 추천하고 싶은 책이 있으신지요?

제러미 리프킨이 쓴 '수소 혁명: 석유 시대의 종말과 세계 경제의 미래'라는 책입니다. 산업 시대 초기에 석탄과 증기 기관이 새로운 경제 패러다임을 마련했듯이 이젠 수소에너지가 기존의 경제, 정치, 사회를 근본적으로 바꿀 것이라고 예견하는 경제 서적입니다. 지구상에서 가장 근본적이고 가장 쉽게 구할 수 있는 자원인 수소가 인간 문명을 재구성하고 세계 경제와 권력 구조를 재편할 거라는 내용이죠.

Question 지인이나 가족에게 화학공학기술자라는 직업을 추천하시나요?

네, 당연히 화학공학 전공을 추천합니다. 화학공학은 현대 사회에 필수적인 신물질(에너지 및 환경 위기를 해결할 수 있는 연료전지용 촉매 등)을 경제적으로 제조하는 학문입니다. 풍요로운 삶을 위해서 반드시 뒷받침되어야 하는 영역이죠.

Question 미래를 준비하는 학생들에게 조언 부탁드립니다.

성공적인 삶을 위해서 자신이 원하는 '꿈'을 설정하시고 이것을 이루기 위해서 부단히 '노력'하세요. 혹자는 '운이 있어야 꿈을 이룬다'라고 이야기하는데 저는 그렇게 생각하지 않아요. 꿈을 품고 노력하는 사람에게는 '실력'이 생기고, 실력이 있는 사람에게 운도 더 잘 따라온답니다. 또한, 인간관계도 꿈을 이루는 데 중요해요. 다른 사람을 도와주려는 마음과 태도를 유지하면 좋은 인간관계를 가꿀 수 있을 거예요.

어렸을 때 꿈이 선생님이었기에 대학교에 입학해서도 왕성한 멘토링 활동을 하였다. 군대를 제대하면서 아르바이트로 학원 강사를 할 정도로 가르치는 재능이 많았지만, 결국 화학공학자의 길을 걷게 되었다. 대학 시절엔 다양한 사람들과 함께 콘텐츠를 직접 기획하고 실행하는 교육봉사 동아리에 참가하기도 하였다. 롯데케미칼에서 두 달간의 인턴 생활은 화학공학 엔지니어의 진로에 큰 영향을 끼쳤다. 그 후에 삼성전자에 입사하여 현재 글로벌인프라총괄 Fab Facility 운영 부서에서 근무하고 있다. 이 부서는 반도체 생산 인프라와 반도체 생산에 필요한 Utility를 안전하고 안정적으로 공급하는 업무를 담당한다. 향후 화학공학안전기술사 자격증을 취득할 것이며 유능한 공학자가 되기 위해 꾸준히 영어 실력을 키워갈 것이다.

- -

삼성전자 Fab Facility
백성수 엔지니어

현) ㈜삼성전자_Fab Facility 운영
- ㈜롯데베르살리스엘라스토머스(LVE)_EPDM 생산관리
- ㈜롯데케미칼_SR Project
- 홍익대학교 화학공학과 학사 졸업
- 화공기사, 가스기사, 공조냉동기계기사 자격증 취득

화학공학기술자의 스케줄

백성수
엔지니어의
하루

22:00 ~ 24:00
▶ 개인정비 및 취침

06:00 ~ 07:00
▶ 기상 및 출근

07:00 ~ 08:00
▶ 출근 후 아침 식사
▶ 업무 준비

17:30 ~ 18:30
▶ 저녁 식사 및 휴식

19:00 ~ 21:00
▶ 개인 운동

08:00 ~ 11:30
▶ 오전 업무

12:30 ~ 17:30
▶ 오후 업무

11:30 ~ 12:30
▶ 점심 식사

시각 자료로 청각장애인을 깨우다

▶ 어릴 적 꿈은 '선생님'

▶ 어린 시절

▶ 활발한 성격의 어린 시절

어렸을 때 학교 선생님이 되는 게 꿈이었습니다. 수업을 듣고 내용을 정리하면서 듣는 사람을 어떻게 잘 이해시킬 수 있을까를 고민했던 거 같아요. 만약 내가 선생님이라면 '이것을 더욱더 강조하고 저것은 이렇게 설명하겠다'라는 상상도 했답니다. 이러한 성향은 대학교에 들어가서도, 후배 학생들의 진로와 전공과목 멘토링 활동으로 이어졌죠. 지금도 그 기질은 화학공학기술자로서 업무에도 많은 도움이 됩니다. 엔지니어로서 설비의 문제가 발생했을 때 화학공학적 이론 내용을 바탕으로 보고서를 쓸 일이 많답니다. 무조건 내가 아는 이론과 현상을 맹목적으로 나열하여 쓴 보고서는, 보는 이로 하여금 굉장히 답답한 보고서가 되죠. 누구나 보고서를 보면 어떤 문제가 발생했고, 어떻게 해결해야겠다는 내용을 이해해야 합니다, 학창 시절 멘토링 활동은 보고서를 작성할 때 큰 도움을 주고 있습니다.

Question 좋아했던 과목이나 분야가 있으셨나요?

저는 화학 과목을 참 좋아했어요. 한 물질과 다른 물질이 여러 가지 조건에서 만나 기존 물질과는 전혀 다른 새로운 물질이 된다는 것이 매우 신기했거든요. 또한 이러한 것을 실험을 통해서 직접 눈으로 보고 확인할 수 있었던 것도 좋았고요. 나중에 커서 과학자가 되면 나만의 물질을 만들어 큰돈을 벌고 싶은 생각도 했던 것 같습니다.

학창 시절 어떤 성향의 학생이었나요?

초중등학교 시절엔 굉장히 외향적인 성격이었습니다. 예전에는 학생회장도 자주 나가고 동아리 회장도 하는 등 나서서 하는 것을 좋아했죠. 그 후 점점 나이를 먹고 고등학생이 되면서 다소 차분하고 신중한 성격으로 바뀌더라고요. 그리고 미래에 어떤 사람이 될지에 대한 막연한 불안감이 늘 있었던 거 같아요. 지금은 불안했던 미래가 해소되었지만, 외향적인 성격은 다시 돌아오지 않네요. 업무를 하면서도 말 한마디, 행동 하나에 조심스러운 걸 보면 이제 이게 제 성격이 된 거죠. 가끔 외향적이고 까불까불했던 예전의 성격이 그립기도 해요.

Question **어머니께서 바라시던 진로의 방향이 있었나요?**

어머니께서 저를 혼자 키우시면서 고생을 많이 하셔서 저만큼은 고생하거나 모험을 하는 걸 원치 않으셨던 것 같아요. 제가 전공을 살려서 대기업에 입사하여 평범하게 살길 원하셨지요. 하지만 저는 군 전역을 하고 나서도 선생님의 꿈을 저버리지 못했어요. 제대하자마자 중고등학교 보습학원에서 과학 강사로 아르바이트를 하면서 이 길로 가야겠다 싶었죠. 그런데 저는 어머니의 큰 반대에 부딪혔고 그 당시 제가 하려던 학원 선생님을 계속할 수 없었어요. 그래서 그 후에 교육봉사 동아리나, 멘토링 활동 등으로 부족한 저의 욕구를 충족시켰죠. 그리고 지금은 이렇게 화학공학 엔지니어가 되어 있네요. 제가 하고 싶은 말은 너무 장래 희망을 딱 한 가지로 정하지 않았으면 좋겠어요. 하고 싶은 것도 마음껏 해보고, 뭐가 맞는 건지, 좋아하는 건지, 천천히 정해도 늦지 않을 거 같아요. 또 좋아하는 분야를 직업으로 가지지 못하더라도, 여가에 다른 방법으로 이를 충족할 방법은 많이 있답니다.

대학 시절 진로에 도움이 될 만한 활동을 하셨나요?

저는 다양한 사람들과 어울려서 콘텐츠를 직접 기획하고 이를 실제로 실행하는 교육 봉사 동아리에 자주 참가했어요. 제가 좋아하는 교육 콘텐츠를 직접 기획해 볼 수 있다는 점에서 큰 매력이 있었죠. 공대생이기에 이런 활동을 하지 않으면 과제와 공부에 치여 매일 똑같은 부류의 사람들만 보게 돼요. 그곳에서는 공대생뿐만 아니라 미대, 경영대, 인문대 등 평소에 제가 접촉할 수 없는 다양한 사람들을 만나는 유일한 기회였죠. 또 다양한 사람들이 모여 하나의 프로젝트, 콘텐츠를 완성하는 과정에서, 제가 생각하지 못한 정말 색다르고 다양한 의견을 들을 수 있었어요. 이러한 경험이 제가 가지고 있던 경직된 생각과 가치관을 많이 바꿔주었죠. 엔지니어는 보통 혼자 일하지 않아요. 엔지니어가 되면 제각기 다른 분야의 사람들과 일하게 되고, 그 속에서 정말 다양한 갈등을 만납니다. 하지만 이러한 갈등을 해결할 때, 학창 시절에 다양한 사람들과의 소통은 정말 소중하게 느껴져요.

진로 결정 시 영향을 끼친 활동은 무엇이었나요?

'공부의 신'이라는 동아리에서 아이들의 학습을 지도하는 대학생 멘토 활동을 했어요. 많은 교육봉사를 해봤지만, 평소와 다른 것은 맡은 아이들이 모두 청각장애인이었다는 사실입니다. 말로만으로는 교육할 수 없는 상황이었기에 펜과 종이, 태블릿 PC 등 다양한 시각 자료를 활용했죠. 이전과는 다른 시각 위주의 수업방식에 아이들은 공부에 흥미를 느끼고 저에게 마음의 문도 열어주었답니다. 그리고 쉬는 시간만 되면 벽에 스마트폰을 두고 화상 전화를 하면서 가족, 친구들과 통화를 하더라고요. 스마트폰, 태블릿 PC가 아이들의 귀가 되어준 셈이죠. 이 경험을 통해 엔지니어가 만드는 것이 단순히 제품이 아니라는 걸 알게 됐어요. 제가 만든 제품이 불편한 이들의 눈과 귀가 되어줄 수 있고, 나아가 인간의 삶을 풍요롭게 할 수 있다는 것을 알게 됐죠. 질 좋고 값싼 제품을 만들어서 주변 사람들에게 도움을 주는 엔지니어가 되고 싶다는 생각을 그때부터 한 거 같아요.

언어의 장벽을 넘어서 노하우를 전수받다

▶ 홍익대학교 교정

▶ 대학교 졸업식에서

▶ 롯데케미칼 인턴십 수료증

Question **특별히 화학공학을** 전공하시게 된 계기는 있나요?

제가 학과를 선택할 당시에는 전자공학, 화학공학, 기계공학 앞 글자를 딴 '전화기'라고 해서 이 3개의 학과가 가장 취업이 잘 됐습니다. 집안 형편이 넉넉하지 않았기에 저는 일단 많은 돈을 벌고 싶어서 이 3개의 학과 중에 하나를 가야겠다고 생각했어요. 학교 다닐 때 가장 자신 있었던 과목이 화학이라서 최종적으로 화학공학과를 선택하게 되었답니다. 실제로 화학공학과에 들어오니 좋아하는 과목이라고 해서 잘하는 건 아니더라고요. 화학보다도 수학과 물리를 더 많이 공부해야 하는 것도 꽤 힘들었죠. 또 공부해야 하는 양과 과제가 엄청나서 1학년 때는 화학공학과에 입학한 걸 후회하기도 했습니다. 거의 학교에서 살다시피 했었거든요. 하지만 학년이 올라가고 내가 원하는 분야가 생기기 시작하면서 화학공학에 대한 매력에 푹 빠지게 되었죠.

Question **공대생으로서** 동아리 활동은 어렵지 않았나요?

공대생에게 주어지는 과제가 많았기에 공부만 하다가 대학 생활이 끝날 것 같더라고요. 사실 대학 기간 전공 공부 외에도 최대한 많은 걸 경험해봐야겠다는 생각을 품고 있었거든요. 그래서 최대한 다양한 사람과 함께 다양한 경험을 하려고 노력했어요. 1~2학년 때에는 풍물동아리에 가입해서 1년 내내 연습해서 학교 앞 광장에서 길거리 공연을 했었죠. 남녀노소, 외국인, 한국인 모두가 같이 즐겼던 그 날의 짜릿했던 기억은 아마 잊지 못할 것 같아요. 그리고 멘토링 활동도 많이 했습니다. 예전에 꿈이었던 선생님이 아쉬움으로 남았는지 교내 멘토링 활동도 많이 하고, 특히 '공부의 신'이라는 활동을 통해 고등학교에 직접 강연도 나가고 유튜브도 촬영하면서 잊지 못할 추억을 많이 만들었어요. 대학에서 4년의 기간은 다양한 활동을 다양한 사람들과 아무런 이해 관계없이 할 수 있는 몇 안 되는 기회인 것 같습니다. 학업뿐만 아니라 다양한 경험을 꼭 해보는 것을 추천합니다. 그때의 추억이 인생을 살아가는데 큰 버팀목이 되거든요.

직업으로 화학공학기술자를 선택하시게 된 계기가 있나요?

수능 과학 선택과목으로 화학1과 화학2를 선택했습니다. 그래서 자연스레 관련 서적들을 읽어보면서 화학에 관한 관심이 커졌고 화학 관련 공부도 깊게 하고 싶다는 생각이 들었죠. 그래서 진로를 화학이나 화학공학으로 정했죠. 하지만 화학과는 제대로 공부하기 위해선 학사뿐만 아니라 석박사까지 해야 한다는 걸 주변에서 들었던 것 같아요. 가정 형편상 박사까지 할 수는 없을 것 같아서 취업이 잘되는 화학공학과를 선택하게 됐죠.

Question 이전의 커리어가 현 직업에 미친 영향이 있었나요?

대학생 학부 4학년 시절 저는 롯데케미칼에서 2개월간 인턴 생활을 했습니다. 그때까지 정확한 진로를 결정하지 못한 시점이었기에 그때 업무 경험은 진로 선택에 큰 영향을 주었죠. '에틸렌'이라는 물질은 업계에서 흔히 '산업의 쌀'이라고 표현될 정도로 정말 다양한 분야에서 사용되는데, 제가 생산한 석유화학제품의 원료인 에틸렌이 전국과 전 세계로 뻗어나가 완제품이 된다는 생각에 가슴이 무척 설레였어요. 특히 플라스틱 제품의 원료 상당수가 제가 인턴 했던 회사 제품이라는 사실에 많이 놀라기도 했죠. 원하는 업종에서의 인턴을 해보는 것도 좋은 거 같아요. 강의실에서 책으로만 공부하다가 실제 업무를 경험하게 되면 이론이 실제 산업에서 어떻게 적용되는지 알게 되죠. 인턴을 하면서 제가 공부했던 내용이 실제 업무에서 그대로 사용되는 것을 보고 많은 매력을 느꼈어요. 또한 현업생활에 도움을 받기 위해 어떤 방향으로 공부를 더 해야 하는지 계획도 세울 수 있었고요.

Question 직장생활 중 특별히 기억에 남는 에피소드가 있으신지요?

첫 직장에서 Plant 시운전 업무를 맡았었는데, Plant가 이탈리아 기업의 기술로 설계되었기에 많은 이탈리아 엔지니어가 공장에 방문하여 도움을 주었죠. 일단 이탈리아 엔지니어를 한국에 부르는 것만으로도 큰 비용이 발생하기에 최대한 많은 기술을 짧은 시간 안에 전수받아야 하죠. 또한 영어가 잘 안되는 한국 Operator와 이탈리아 Operator 간에 통로 역할을 해야 했기에 매우 긴장하면서 일했던 기억이 납니다. 생각보다 이탈리아 엔지니어도 영어가 잘 안되더라고요. 그중에 저랑 나이가 비슷한 친구가 한 명 있었는데 현장에서 일해 본 경험이 많은 엔지니어였어요. 그 친구는 영어가 미숙해서 질문하면 모든 걸 행동으로 설명해 주었거든요. 그래서 서로의 생각을 이해하고 이해시키는 데 오랜 시간이 걸렸죠. 저는 그걸 기억했다가 다시 사무실로 돌아와서 우리 한국 Operator들이 이해하기 쉽게 내용을 정리했답니다. 신입사원이어서 엔지니어적인 지식이 매우 부족했고, 소통의 어려움으로 한국인과 이탈리아인 사이에서 여러모로 힘들었던 기억이 납니다. 하지만 외국 엔지니어와 함께 협업하면서 짧은 시간에 많은 걸 배울 수 있는 소중한 경험이었습니다.

Question 화학공학기술자 이전의 직업이 있으시다면 무엇이었나요?

화학공학과를 졸업한 후에 석유화학 분야에서 일했고 지금은 반도체 분야로 옮기긴 했지만, 화학공학과와 관련된 업무만 했습니다.

Question 화학공학기술자가 되기 위해서 어떤 준비가 필요할까요?

기본적으로 전공지식에 관한 높은 이해를 요구합니다. 화학공학과에 진학하고 전공과목들을 잘 이해하기 위해서 중고등학교에서의 수학 과학 과목을 완벽히 숙지하는 것이 무엇보다 중요하죠. 화학공학은 화학뿐만 아니라 수학, 물리, 그중에서도 특히 수학적으로 설명되는 내용이 많기에 수학을 소홀히 해서는 안 됩니다. 다음으로 중요한 것이 영어 실력입니다. 먼저 대학에 입학하게 되면 모든 책이 영어원서로 되어 있어서 전공과목을 이해하려면 기본적인 영어 능력이 필수예요. 또한 실제 업무에서도 화학공학 산업에서 주로 사용하는 설비와 기술이 주로 외국에서 들여오는 것들이 많답니다. 따라서 외국의 엔지니어들과 업무를 하는 일이 많이 발생하는데 이에 따라 기업에서도 엔지니어의 영어 능력을 많이 요구하는 편입니다.

Question 업무에 임할 때 가장 중요하게 생각하시는 부분은 무엇인가요?

내가 하는 이 행동이 전체 공정에서 어떠한 변화를 일으킬지 숙고해야 합니다. 화학 공정은 24시간 일정한 조건으로 운전이 되고 있기에 최대한 변화를 주지 않는 것이 중요하죠. 외부에서 어떤 변화가 개입되면 제품에 변화가 발생할 가능성이 크거든요. 그래서 먼저 업무를 할 때 전체적인 공정 흐름에 관해 이해하는 것이 중요합니다. 그 이해를 바탕으로 품질에 변화가 생겼을 경우 이 변화를 만들어낸 것이 무엇인지 분석하는 능력도 필요하고요.

회사 소개와 현재 하시는 일에 관한 설명 부탁드립니다.

　삼성전자는 메모리와 비메모리의 반도체를 생산하는 종합 반도체 회사로 많이 알려져 있으며, 이뿐만 아니라 스마트폰, 가전제품, 센서 등 다양한 전자제품을 제조하는 대한민국 최대의 다국적 기업입니다. 저는 삼성전자 글로벌인프라총괄 Fab Facility 운영 부서에 소속되어 있어요. 반도체 생산 인프라와 반도체 생산에 필요한 초순수(UPW: Ultra Pure Water), Gas, Chemical, HVAC(Heating, Ventilation & Air Conditioning) 등의 Utility를 안전하고 안정적으로 공급하기 위하여 공급설비의 24시간 Monitoring, 유지보수, 설비 효율화 개선의 업무를 담당하는 부서죠. Fab Facility 운영 부서 안에서 현재 PM(Preventive maintenance: 예방보전) 업무를 담당하고 있습니다. 설비 고장으로 인한 Utility 공급의 중단은 반도체 공장의 이익에 매우 치명적이죠.

Question **화학공학기술자가 된 후** 첫 업무가 기억나시나요?

　첫 업무는 고무를 생산하는 Plant가 설계도면대로 잘 지어졌는지 검증하고, 지어진 Plant에서 Licensor(공장의 설계와 제품의 생산기술을 가지고 있는 원천 회사)와 함께 실제 제품(고무)이 요구하는 Spec대로 잘 나오는지 Test하는 Commissioning(시운전)을 담당했습니다. 우리 회사의 Licensor는 이탈리아 소속의 회사였죠. 의사소통에서 큰 어려움이 있었지만, 오랜 시간 현업에 종사했던 이탈리아 엔지니어와 오퍼레이터의 know-how를 터득하려고 졸졸 쫓아다니며 물어보고 배웠던 기억이 지금까지 남아있네요.

이제는 화학공학이 환경을 살려야 할 때

▶ 외국인 엔지니어와 함께

▶ 현장에서 한 컷

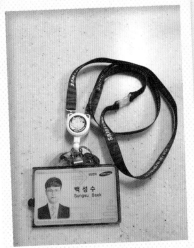

▶ 삼성전자 사원증

Question 근무환경이나 연봉에 관하여 알고 싶습니다.

화학공학기술자는 정유, 석유화학, 엔지니어링, 의료, 반도체, 바이오 등 진출할 수 있는 분야가 다른 전공에 비해 매우 다양합니다. 근무하는 지역도 다양하고요. 그중 화학공학과 학생들이 주로 가고 싶어 하는 정유나 석유화학 회사는 수출입의 비용을 줄이기 위해 항만 지역 근처에 있습니다. 크게는 여수, 울산, 대산에 석유화학 공업단지가 있어서 다른 직업군과는 달리 지방 근무를 하는 경우가 많아요. 하지만 반도체나 바이오쪽의 업계는 주로 수도권에 위치하는 경우가 많아서 근무 지역을 다양하게 선택할 수 있는 장점도 있어요. 주요 대기업(삼성, LG, SK) 등 현재 대졸 신입 기준 초봉은 4,600 ~ 5,000만 원 정도 받는 거로 알고 있습니다. 기업의 해당연도 이익에 따라 성과급도 지급하죠. 성과급 기준은 회사마다 다양합니다. 삼성의 경우 연봉의 최대 50%, 그 외 다른 기업은 기본급의 100 ~ 2,000%를 지급하곤 합니다. 업종 상황에 따라 연봉은 천차만별이라고 볼 수 있겠죠.

Question 화학공학기술자가 되고 나서 새롭게 깨닫게 된 점이 있을까요?

정말 다양한 분야에서 일할 수 있다는 사실을 알게 됐죠. 저는 화학공학과에 입학하여 정유 산업이나 석유화학 산업에서 종사하는 게 당연하다고 생각했어요. 그것만이 화학공학이라 생각했던 거죠. 하지만 공부를 계속하다 보니 화학이라는 학문에서 파생된 분야가 정말 많다는 걸 깨달았습니다. 제가 너무 몰랐던 거죠. 지금 제 동기들만 보더라도 디스플레이, 반도체, 제약, 의료 등 정말 다양한 분야에서 일하고 있고, 앞으로도 더 다양한 분야에서 화학공학기술자를 필요로 할 거라 기대합니다.

저는 화학은 생활(Life)이라고 생각해요. 지금 당장 주변을 둘러보면 여러분이 입은 옷, 책상, 학용품, 전자제품 그리고 식품과 먹는 약까지 모두 화학과 화학공학을 기반으로 만들어진 것들이에요. 바로 우리가 사는 삶 그 자체죠. 하지만 현재 화학제품의 현주소는 환경파괴의 주범으로 여겨져서 전 세계에 큰 우려를 낳고 있습니다. 또한 ESG라는 개념이 대두되면서 기업의 환경친화적인 경영이 강조되고 있죠. 이렇게 이미지가 많이 안 좋아져 있기에 화학공학자의 역할이 매우 중요하다고 생각해요. 예를 들면 플라스틱은 나쁘니까 사용량을 줄이자는 단순한 생각을 넘어서 친환경 플라스틱 제조 공정을 개발하여 에너지 소비를 줄이고, Re-cycling을 넘어 Up-cycling 되는 소재를 개발하는 거죠. 화학공학이 환경파괴가 아닌 환경을 살리는 기술이라는 점을 적극적으로 어필해야 한다고 생각합니다.

Question 일하면서 가장 보람을 느낄 때는 언제인가요?

일하면서 가장 보람을 느낄 때는 제가 계획한 대로 문제가 해결될 때가 아닐까 생각해요. 문제가 발생했을 때 저의 경험과 이론적인 내용으로 분석한 걸 바탕으로 해결 방안을 제시했는데, 이것이 제가 생각한 대로 진행되어 문제가 해결되면 그 성취감은 이루 말할 수 없거든요. 이건 모든 엔지니어가 공감할 거로 생각해요.

가장 힘들었던 순간도 있었을 텐데요?

석유화학 회사의 생산관리 부서에서 신입사원으로 근무할 때였던 것 같네요. 고무를 생산한 기간도 얼마 안 되어 Trouble을 해소할 노하우가 절대적으로 부족한 시기였죠. 이러한 시기에 시간당 적게는 2톤에서 많게는 7~8톤까지 고무가 연속으로 뽑아 나오는 설비 회전부에 고무가 끼여 Trouble이 발생했어요. 설비는 정지되었고, 1~2시간 안에 이를 해결하지 않으면 반응시켜 놓은 고무의 원료 몇백 톤을 폐기해야 하는 정말 긴급한 상황이었죠. 마침 그땐 교대 근무 중이었고 시간도 새벽 시간이어서 인력도 부족했고, Trouble 해결 방법도 잘 몰랐습니다. 그때 설비 엔지니어에게 전화도 하고 이것저것 물어보며 간신히 Trouble을 해소했던 기억이 나요. 신입사원이기도 했고 Trouble에 관해 자세히 아는 분이 없어서 정말 당황했고 정말 울고 싶었죠. 그 이후에도 몇 차례나 같은 현상들이 발생했는데 아무것도 제대로 할 수 없어서 너무 힘들었습니다.

일하시면서 스트레스를 어떻게 푸시나요?

소소하게 목표를 달성할 수 있는 운동을 주로 하고 있어요. 그래서 요즘에 하는 운동이 스포츠 클라이밍과 5Km 달리기예요. 먼저 클라이밍 중 볼더링은 난이도에 따라 배치가 다른 홀드를 이용하여 맨 위에 있는 홀드까지 올라가는 스포츠로 꾸준히 연습해서 level 6~7까지 올라가는 것이 목표랍니다. 또 5km 달리기는 25분대로 들어오는 것을 목표로 하고 있고요. 이렇게 소소한 목표를 설정하고 하나씩 이루어 갈 때의 쾌감은 이루 말할 수 없는 것 같아요.

▶ 취미생활 클라이밍

향후 삶의 목표는 무엇인가요?

현재 두 가지의 목표를 세우고 있어요. 첫 번째는 화학공학안전기술사 자격증을 취득하는 것이에요. 기술사란 단순히 자격증의 개념을 넘어 해당 기술에서 고도의 전문기술을 가지고 있으며 풍부한 실무경험이 있다는 것을 국가에서 증명해 주는 일종의 증명서라고 보시면 돼요. 이것이 엔지니어로서 가장 명예로운 자격증이라고 생각해요. 전공지식뿐만 아니라 화공안전과 관련된 법 지식이 많이 요구되는 시험이어서 회사에서 겪을 수 있는 다양한 현장 경험을 하면서 동시에 공부를 병행할 예정입니다. 두 번째는 영어 실력을 올리는 겁니다. 엔지니어가 되면 실제로 영어를 쓸 일이 많이 없는 줄 알았어요. 하지만 첫 직장에서 이탈리아 엔지니어들과 영어로 소통해야 했고, 여러 설비들의 Vendor도 국산보단 외국에서 들여온 것이 많아서 영어가 정말 많이 필요하다는 것을 깨달았죠. 준비된 자만이 기회를 얻는다는 말처럼, 외국의 주재원으로 갈 기회가 주어질지도 모르기에, 저에게 주어질 기회를 생각하며 높은 수준의 영어 실력을 쌓아가려 합니다.

가까운 사람에게 이 직업을 추천하실 건가요?

화학공학기술자의 매력은 아마 멀티플레이인 것 같아요. 화학공학적 지식을 바탕으로 전체 공정을 이해해야 함은 물론이고, 설비에 문제가 생기면 현장으로 달려가 설비를 점검해야 하고 관리 일정을 세워야 합니다. 이렇게 다양한 경험이 쌓이다 보면 전체 공정을 파악하는 데 있어 기계적인 Mechanism과 전기적인 Mechanism을 함께 알아야 하기에 화공, 기계, 전기 분야에서 전문적인 사람이 되어 있을 겁니다. 만약 엔지니어로서 멀티플레이어가 되고 싶으시다면 저는 적극적으로 추천하고 싶네요.

어린 시절부터 늘 과학자의 꿈을 품었으며, 과학과 관련된 도서를 많이 읽었다. 수학과 화학 과목을 좋아했고, 지구 환경에도 각별한 관심을 품으며 자랐다. 대학 시절 진로로 인해 방황도 했었지만, 석사 지도교수님의 열정적이고 따뜻한 강의에 감동하여 교수의 꿈을 꾸게 되었다. 우연한 기회에 미국의 화학공학회에 참가하게 되었고, 결국 오스틴 주립대학교에서 박사 과정을 마치게 된다. 그 후에 스위스 로잔공대에서의 박사 후 연구원 과정을 마치고, 중국 '상해과기대학' 교수로 부임하였다. 현재 인하대학교에 교수로 일하면서 학부생, 대학원생을 대상으로 하는 강의와 더불어 연구를 수행하고 있다. 향후 본인만의 시그니처 연구를 위해 노력하고 있고, 자신의 경력과 경험을 토대로 후학 양성에 열정을 품고 있다.

전산분자공학 전문가
이용진 교수

현) 인하대 공과대학 화학공학과 교수
   (주요 연구 분야 '전산분자공학')
• 중국 상해과기대학(ShanghaiTech University) 교수
• 스위스 로잔공대 박사 후 연구원
• 미국 텍사스주립대학 오스틴 캠퍼스
  화학공학 박사학위 취득
• 서울대학교 화학생물공학부 석사
• 서울대학교 화학생물공학부 학사

화학공학기술자의 스케줄

이용진
교수의
하루

06:30 ~ 07:30
▶ 기상 및 출근

07:30 ~ 08:00
아침 커피와
하루 일정 정리

22:00 ~
▶ 업무/ 연구 마무리
및 취침

18:00 ~ 20:00
▶ 연구 프로젝트 수행

20:00 ~ 22:00
▶ 퇴근 및 가족과
함께하는 시간

08:00 ~ 09:00
▶ 논문 읽기

09:00 ~ 12:00
▶ 대학원생과
연구 미팅

13:00 ~ 17:00
▶ 강의 및 강의 준비

17:00 ~ 18:00
▶ 저녁식사

12:00 ~ 13:00
▶ 점심식사

독특한 집념,
각별한
생명 사랑

▶ 어린 시절

▶ 삼형제 중에 둘째

▶ 어린 시절 가족들과 함께

어린 시절을 어떻게 보내셨나요?

인천에서 태어나 초중고등학교 시절을 모두 인천에서 보냈습니다. 가정환경은 비교적 안정적이었죠. 경찰공무원이신 아버지와 가정주부이신 어머니, 듬직한 형과 장난기 많은 동생과 함께 큰 부족함 없이 지냈답니다. 어린 시절 저는 친구들과 다툼 없이 무난히 잘 어울렸고, 조용한 성격이었던 것 같네요. 여가에 주로 책 읽는 것을 좋아했고, 운동을 하는 것도 좋아해서 동네 친구들과 거의 매일 야구를 했었죠.

Question ### 학창 시절엔 어떠한 성향이었나요?

뭔가 목표를 세우면 반드시 이뤄야 만족하는 성격이었죠. 초등학교 때 집에서 푸는 수학 학습지를 한 달 이상을 밀린 적이 있었는데, 그 일로 부모님께 크게 혼났습니다. 그래서 밀린 학습지를 다 풀기 전까지는 방에서 안 나오겠다고 다짐하고, 밥 먹는 시간과 화장실 가는 시간을 제외하고 늦은 밤까지 다 풀었던 것으로 기억합니다. 미루지 않는 것이 더 바람직한 태도겠지만, 아무튼 뭔가 마음먹으면 이뤄야 직성이 풀리는 성격이었죠. 아파트 몇 층 높이까지 공을 던지겠다고 마음먹으면, 팔이 아플 정도로 계속 공을 던져서 그걸 이뤄야 만족했던 것 같아요. 또한 자연과 생물을 좋아했었죠. 좀 이상하게 들릴 수도 있겠지만, 길가의 개미들을 밟지 않으려고 한동안 땅바닥을 보고 걸었던 적도 있었답니다.

장래 희망이 공학자였나요?

장래 희망은 늘 과학자였습니다. 어린 시절부터 뭔가를 만드는 것을 좋아해서, 여러 가지 물건들을 발명하고 만들어보곤 했었죠. 그러다가 초등학교 6학년 때 동계올림픽을 보고 스키점프 장난감을 만들다가, 커터 칼을 잘 못 다루어서 손가락을 8바늘이나 꿰맨 적이 있어요. 참을성이 좋다고 해야 할지 아니면 미련하다고 해야 할지 모르겠지만, 그 상태에서도 아프다고 소리도 안 지르고, 화장실에 가서 휴지로 손가락을 둘둘 싸맨 상태로 집에 갔었죠. 집에 있던 형이 발견하고 병원에 데려갔는데, 피가 뚝뚝 떨어지는 걸 참고 견뎠죠.

Question 혹시 부모님의 기대 직업은 따로 있었나요?

아니요. 부모님께서는 제가 하고 싶은 일을 그대로 인정해 주셨어요.

Question 중고등학교 시절 좋아했던 과목이 있으셨나요?

가장 좋아했던 과목은 수학이었습니다. 중고등학교 때는 수학 문제를 푸는 것이 취미라고 할 수 있을 만큼, 1주일에 1권씩 문제집을 풀었어요. 과학도 좋아했고요. 중학생 때 한참 아인슈타인에 빠져서 무모하게 상대성이론을 이해해보려고도 했고, 제 나름대로 말도 안 되는 이론을 세워보기도 했었죠.

Question 중고등학교 시절 진로에 도움이 될 만한 활동이 있었나요?

과학 관련 책을 많이 읽었던 것이 도움이 되는 것 같아요. 가장 인상 깊었던 책은 칼 세이건의 '코스모스'와 '창백한 푸른 점'이었습니다. 현재 제가 전공하는 화학 관련 책이 아닌 천문학에 관한 책이지만. 가장 인상 깊은 책으로 기억하는 이유는 제가 어린 시절 부터 밤하늘의 별을 보는 것에 관심이 많았거든요. 우주의 이야기를 천문학적인 요소와 함께 인문학적인 메시지도 담아서 인상 깊게 읽었답니다. 특히, 우리는 치열하게 경쟁하 면서 서로 미워하고 살아가지만, 그러한 우리의 삶의 무대인 지구는 우주에서 보았을 때 는 창백한 하나의 푸른 점에 지나지 않는다는 메시지가 아직도 가슴에 남아 있습니다.

Question 화학공학과를 전공하게 된 계기는 무엇이었나요?

수학 다음으로 좋아했던 과목이 화학이었는데, 어린 시절부터 자연환경에 관한 관심 이 많았답니다. 지구온난화와 수질오염 관련 책들을 보면서 그걸 해결하는 화학을 이용 한 과학기술에 관심을 두게 되었죠. 그것이 화학에 관한 관심과 맞물려서 화학공학으로 진로를 정하게 되었답니다.

미국 화학공학회로
뜻하지 않은
기회를 얻다

▶ 지도교수님 그리고 연구실 동료들과

▶ 미국화학공학회 포스터 발표

▶ 광저우의 중산대학 방문

대학 생활은 어떠셨나요?

남들처럼 공부하고, 제가 하고 싶은 일을 하며 보냈습니다. 1학년 때 선배에게 들은 말이 "대학 때는, 범죄가 되는 것과 남에게 피해를 주는 일 말고는 할 수 있는 걸 다 해 봐라"였죠. 실제로 그렇게 하려고 노력했던 것 같아요. 물론 그 말대로 다 이루지 못해서 후회도 되고요.

Question 진로에 가장 영향을 준 멘토가 있었나요?

현재 진로에 가장 큰 영향을 주신 분은 석사 지도교수님이셨던 서울대학교 김화용 교수님입니다. 어린 시절 과학자가 되고 싶다는 생각으로 화학공학과에 진학했지만, 대학 시절엔 많은 방황의 시간도 있었죠. 대학 이후의 진로에 방향을 세우지 못했기 때문이지요. 군 제대 후에도 진로로 고민하던 시기에, 석사 지도교수님의 '열역학' 수업을 듣게 되었죠. 학생을 대하시는 자상한 모습과 어려운 '열역학'이라는 과목을 편안하고 쉽게 전달하시는 교수님의 모습에 감동했답니다. 그때 저도 열심히 공부해서 나중에 학생들을 가르치겠다는 꿈을 꾸게 되었죠.

Question 화학공학 교수가 되기 위해 어떤 과정을 거치나요?

교수라는 직업을 가지기 위해서는 대학원 진학이 필수적이죠. 박사학위를 받은 후에는 박사 후 과정이라는 기간을 거치게 됩니다. 이 기간은 누군가의 학생으로서 지도받아 연구하는 단계(박사 과정)에서 다른 사람을 지도하는 단계(교수)로 넘어가는 중간 과정이라고 할 수 있겠죠. 이 과정을 거치면 교수의 자격이 주어집니다.

Question 미국에서의 유학 생활이 궁금합니다.

지금까지 과정 중에서 가장 기억에 많이 남는 순간은 미국 텍사스 오스틴 주립대학교에서의 박사 과정입니다. 미국이라는 타지에서 생활한다는 건 재밌으면서도 힘들죠. 하지만 가족들과 함께 있어서 잘 보낼 수 있었다고 생각합니다. 제 두 아이가 태어난 곳이기도 하고, 아내와 함께 여러 곳을 여행 다닌 추억이 있기에 제2의 고향처럼 느껴지는 곳이랍니다.

Question 텍사스 오스틴 주립대학교와 인연을 맺게 된 계기가 있었나요?

제가 석사과정 동안 지도교수님의 배려로 미국의 화학공학회에 참석을 할 수 있는 기회가 있었습니다. 2008년 11월 미국 필라델피아에서 열린 학회였는데, 그때 제 인생 처음으로 미국에 간 것이었습니다. 그렇게 학회에 참석하여 제가 한 연구내용으로 포스터 발표를 하고 있었는데, 어느 중국인이 제게 다가와 제 연구내용에 관심을 보이고 질문했어요. 영어로 대화하는 게 쉽지는 않았지만, 그렇게 대화를 마치고 자기소개를 했어요. 그런데 그분이 바로 제 연구의 기초가 된 열역학 이론을 만드신 미국 텍사스 오스틴 주립대학교 화학공학과의 Isaac Sanchez 교수님의 Postdoc이었죠. 저의 연구를 제가 가장 가고 싶었던 학교의 교수님 방의 연구원이 인정해 주셔서 기분이 정말 좋았답니다. 그 일 후에 먼저 미국에서 유학 생활을 하고 계셨던 선배님(제가 유학을 생각하게 된 계기가 된 바로 그 선배님입니다)에게 제가 겪은 얘기를 했어요. 그럼 제가 그 학교에 관심이 있으니 이 기회에 미국 화학공학회에서는 포스터 발표가 있는 날 같은 시간에 대학별로 Alumni 모임이 있는데, 그곳으로 직접 같이 Sanchez 교수를 만나러 가자고 했답니다.

텍사스 주립대 Alumni모임 방으로 가서 Sanchez 교수님을 만나게 되었고, 제 선배님은 영어도 잘하시고 사교적인 분으로, 굉장히 편안한 대화 자리를 만들었죠. 선배님은 저를 텍사스 오스틴 대학교에 박사 과정으로 진학하고자 하는 지원자이고, Sanchez 교수님의 이론을 응용하여 연구하고 있다고 소개하셨어요. 그랬더니, Sanchez 교수님께서 그렇지 않아도 조금 전 자신의 방 Postdoc이 포스터 발표장에서 제 연구내용에 관해 얘기해주었다면서, 바로 그게 자네였냐고 반갑게 맞아주셨죠. 대화를 마치고 나서 Sanchez 교수님께서 꼭 지원서를 내보라고 말씀하셨어요. 다음 날 텍사스 오스틴대학 입학업무 담당 직원에게서 이메일이 왔답니다. Sanchez 교수님께서 지시하셔서 연락했다며 우리 대학에 지원서를 바로 제출하라고 하면서 지원비를 면제해주겠다는 내용이었죠. 알고 봤더니, Sanchez 교수님이 화학공학과 대학원 입학 담당 교수님이셨던 겁니다. 그래서 감사하다고 답변하고, 한국에 귀국하자마자 바로 지원서를 보냈어요. 그런데 더 놀라운 이메일이 Sanchez 교수님에게서 왔어요. 보통 미국 대학원 입학은 12월 말까지 지원하고 합격통지를 1월 중순부터 받게 되거든요. 하지만 저는 12월 초순에 Sanchez 교수님의 추천으로 특별합격을 하게 되었죠. 제가 가장 가고 싶었던 학교로부터 이렇게 빨리 합격통지를 받을지 몰랐어요.

미국 텍사스 주립대 오스틴 캠퍼스에서 박사 과정을 마치고 함께 생활하던 가족들을 한국으로 먼저 귀국시켰죠. 캘리포니아 주립대 버클리 캠퍼스에서 박사 후 과정을 밟게 되었는데 네덜란드 출신의 지도교수님께서 스위스에 있는 로잔공대로 옮기시게 되었답니다. 그때 하시던 연구가 빅데이터 분석을 화학공학에 응용하는 연구 주제였어요. 공동으로 연구하시는 분이 스위스 로잔공대의 수학과 교수님이었는데 그분과의 원활한 소통을 위해 스위스로 갔으면 좋겠다고 저에게 제안하셨어요. 어차피 혼자 생활하고 있었기에 쉽게 결정하고 옮기게 되었어요. 한국의 연구 진행 속도는 엄청 빠르지만, 유럽의 연구 진도는 미국보다도 오히려 더 느리고 여유가 있었어요. 연구원들이 연구 성과에 얽매이기보다는 좀 더 깊게 자신의 연구를 세밀하게 점검하는 분위기였거든요. 그때 저도 연구를 신중하게 접근하는 태도를 배웠답니다.

박사 후 연구원 과정이 마무리되고 저도 귀국을 준비해야 하는 시점이 되었죠. 지도교수님과 친분이 두터운 중국인 교수님이 중국의 '상해과기대학'이라는 새로 설립된 대학의 학장으로 부임하면서 저도 교원으로 들어가게 되었죠. 중국 정부의 과학기술에 대한 전폭적인 지원으로 대학에서의 연구 활동은 자유로웠고, 저 자신이 한 단계 성장할 수 있는 계기가 되었습니다. 중국에서 직장생활을 할 줄은 꿈에도 생각지 못했는데 우연한 기회로 3년간 근무하고 나서 그리운 가족이 있는 한국으로 돌아오게 되었답니다.

Question 현재 하시고 계신 일에 관한 설명 부탁드립니다.

현재 인하대학교에서 일하고 있어요. 인하대학교는 인천에 있는 사립대학교입니다. 주 업무는 학부생, 대학원생을 대상으로 하는 강의와 제 연구실 소속 대학원생들과 함께 연구를 수행하는 것입니다.

Question 다양한 활동을 하고 계시는데 좀 더 자세히 듣고 싶어요.

대학에서는 대학원 강의와 학부 강의를 하고 있습니다. 학부생들 대상으로는 화공 열역학 과목을 가르치는데 시뮬레이션을 위주로 하다 보니 시뮬레이션 프로그램과 연관을 지어서 수학적인 기본적인 지식을 가르칩니다. 그것을 시뮬레이션 프로그램에 응용, 운용해서 실제적인 화학공학 문제를 푸는 화공 수학 과목도 가르치고 있죠. 최근에는 화학공학 소재 개발에 인공지능을 응용하는 연구를 하고 있어요. 인공지능이라는 게 이제 컴퓨터 공학 분야의 학문이 아니라 화학공학 분야에서도 응용할 수 있도록 AI 빅데이터 소재 공학이라는 과목도 가르치고 있습니다. 대학원에서도 AI를 응용한 재료 개발에 관한 과목도 가르치고 있고, 일반 직장인이 수강하는 대학원 강의에서는 실제 업무와 소재 개발에 활용하는 인공지능 과목을 가르치고요. 한국에 부임하고 나서 다양한 연구 프로젝트에 선정이 되어 연구를 수행하고 있습니다. 특히 불화수소와 같이 일본 기술에 의존해 왔던 원천 소재에 관한 국내 자체 개발 연구과제가 많이 시도되었습니다. 그 목적으로 반도체 공정에 쓰이는 용매의 개발과 분리 정제 공정 연구에 참여했답니다. 새로운 용매를 인공지능 기술과 결합한 시뮬레이션을 통해 개발하는 분야를 연구했었죠. 현재 인공지능 분자설계 기술을 이용한 방탄 소재로 쓰이는 섬유 소재 개발에 참여하고 있습니다. 또한 플라스틱으로 환경오염이 심각하기에 자연 분해되는 썩는 플라스틱을 동료 교수님, 대학원생, 학부 연구생들과 함께 연구개발 중입니다.

Question 전산분자공학에 관해 좀 더 구체적으로 설명해주실 수 있으신지요?

눈에 보이는 모든 소재는 결국 분자, 원자로 이루어져 있습니다. 분자, 원자 레벨의 구조를 바꾸거나 성질을 바꾸면 전체 소재의 물성도 바뀌는 것이죠. 일반적으로 분자 공학은 우리가 원하는 성능을 발휘하는 소재를 개발하기 위해서 분자 레벨 혹은 원자 레벨의 구조나 어떠한 현상들을 컨트롤하는 분야입니다. 전산분자공학은 그러한 분자 레벨에서의 설계를 실제 실험을 통해서 하려고 한다면 실제 재료를 사용해서 시제품을 만들고 분석해야 하는데 여기에 드는 비용과 시간이 많이 소모되겠죠. 그래서 그런 것들을 좀 더 빨리하는 방법이 바로 컴퓨터상에서의 시뮬레이션입니다. 전산분자공학은 분자 공학을 시뮬레이션해서 컴퓨터상에서 하는 거로 이해하시면 됩니다. 최근에는 분자 수준의 아톰들이나 분자 레벨의 움직임을 보는 시뮬레이션과 더불어 인공지능이라든지 빅데이터 분석을 융합하는 방식을 사용하고 있어요. 저도 그러한 방식으로 새로운 에너지 응용 분야의 소재와 환경 운용 분야의 소재 등을 개발하고 있습니다.

Question 일하실 때 가장 중요하게 생각해야 할 부분은 무엇인가요?

교수업무를 교육과 연구로 나누어 생각해 볼 수 있는데, 교육업무에서 제가 가장 중요하게 생각하는 것은 바로 학생입니다. 강의의 주인공은 제가 아니라 학생이고, 학생이 얼마나 잘 강의내용을 이해하는지, 그리고 어떻게 하면 더 효과적인 교육을 할 수 있을지 고민하는 게 중요하다고 생각합니다. 연구업무에서는 나만의 'signature 연구'가 무엇일까를 가장 중요하게 생각합니다. 연구 career를 마감했을 때, 저라는 연구자는 어떠한 연구로 기억이 될 수 있을지, 바로 그러한 signature 연구를 고민하고 이루는 게 가장 중요하죠.

▶ 재중 한인과학자협회 참석

힘든 만큼
성장한다

▶ 신임교원 임명식

▶ 심포지엄 참석

Question 화학공학이란 무엇이라고 생각하시나요?

화학공학은 '모든 것의 공학'이라고 불릴 만큼 우리의 생활과 산업 전반에 관련이 있고 영향을 끼치는 학문입니다. 생활과 산업 모든 부분에 다 관여되어 있다는 측면에서 화학공학이라는 분야는 아주 매력적인 학문이지요.

Question 새로운 학습 교안을 만드실 때 어렵지 않으신가요?

제가 이 대학교에 와서 거의 매 학기 새로운 과제를 맡았던 것 같아요. 한번 강의했던 과목은 학생들과 소통하고 학생들의 눈높이에 맞춰 이해하기 쉽고 효율적인 강의가 되도록 교재나 강의 노트를 만들 수 있지만, 새로운 교안을 만드는 건 언제나 힘든 작업입니다. 학생으로서 배울 때와 학생들에게 가르치는 자리는 다르답니다. 제가 심도 있게 알고 있는 건지, 아니면 학생의 수준에서 알고 있는 건지 확인하려면, 강의를 준비하면서 저 자신이 학생의 처지에서 다시 공부해보는 겁니다. 이렇게 함으로써 학생들에게 효과적으로 전달하는 방법을 익히게 되죠. 학습 교안을 새로 만드는 건 당연히 힘들지만, 저도 공부하면서 발전할 수 있거든요.

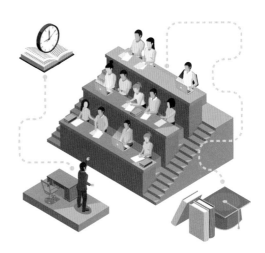

Question 새로운 연구과제에 관한 스트레스도 있으실 텐데요?

제가 이제껏 해왔던 연구를 계속 반복하는 건 수월하죠. 하지만 과학 분야가 굉장히 빠르게 변화하는데, 익숙한 것을 계속 추구하면 트렌드에 뒤처지거든요. 그러한 측면에서 새로운 연구과제를 하는 게 늘 부담스럽지만, 그렇게 준비하면서 저도 새로운 분야와 소통하게 되는 것이죠. 새로운 분야의 논문을 보고 공부하면, 저 자신이 발전하죠.

Question 가장 힘들었던 시기는 언제였나요?

업무적으로 힘들었던 적은 딱히 없었던 것 같네요. 업무적인 부분 외에 힘들었던 점은, 박사 후 과정과 중국에서의 교수 생활하면서 혼자서 지냈던 기간이죠. 미국에서 박사 과정 후에 아내와 두 아이는 한국으로 먼저 귀국했답니다. 한국에서 교수를 하려는 저 자신의 꿈이 있었지만, 가족들과 떨어져 혼자 지내는 건 심적으로 매우 힘든 일이었어요. 한편으론 가족과 함께 하는 시간의 소중함을 느낄 수 있었던 시간이었고요.

Question 스트레스를 어떻게 푸시나요?

평일에는 스트레스 해소를 위해 특별히 하는 활동은 없어요. 주말에는 가족들과 시간을 보내는 게 스트레스 해소 방법이라고 할 수 있겠네요. 특히 아이들과 함께 운동하는 것이 큰 즐거움이에요.

향후 특별한 삶의 비전이 있으신가요?

연구적 측면으로는 나만의 시그니처 연구 분야를 이뤄보고 싶어요. 지금까지 새로운 소재를 개발하기 위해서 시뮬레이션 하던 방식이 인공지능 기술이 도입되면서 이전보다 확실히 나아지긴 했죠. 하지만 아직 실험적으로 일어나는 현상이 실제적인 현상과는 좀 괴리가 있답니다. 시뮬레이션으로 좋을 거로 예측했던 것이 실제로 만들어보면 그렇지 않은 경우가 많습니다. 그러한 오차를 줄이고 실험적인 연구와 일치하는 시뮬레이션 연구를 해서 소재를 개발해 보는 게 목표입니다. 또한 저는 석사과정의 지도교수님을 인생의 멘토로 생각하고 그분의 모습을 닮아가려고 노력해왔습니다. 제가 좀 더 경력과 경험이 쌓였을 때, 그런 저의 모습이 다른 후배들에게 선한 영향력으로 다가가서 그분들의 꿈과 닿아있기를 기대해봅니다. 연약한 인간이기에 쉬운 일은 아니겠지만, 저의 삶의 모습이 다른 사람의 꿈이 되는 게 제 인생의 궁극적인 목표라고 말씀드리고 싶네요. 무엇보다 부족한 아빠지만, 저희 아이들이 저를 보며 꿈을 키울 수 있도록 더욱 모범을 보여야겠습니다.

인생의 선배로서 청소년들에게 조언 부탁드립니다.

코로나 펜데믹 속에서 먼저 응원의 메시지를 보내고 싶어요. 제가 이 대학에 와서 고등학교 학생들을 대상으로 전공 소개하는 프로그램에 참여한 적이 있습니다. 그런데 코로나로 인해 학생들을 직접 만나지는 못하고 화상으로 진행했는데 교실에 비친 학생들의 모습을 보니까 너무 마음이 아팠어요. 모두 마스크 쓰고 사면으로 칸막이가 처져 있는 책상 앞에서 공부하고 있더라고요. 이렇게 힘든 시기를 보내고 있지만, 힘든 시기는 끝나고 곧 좋은 시기가 오기에 그때까지 힘내세요. 그리고 이제껏 살아오신 여러분들의 삶도 응원하고 싶고요.

사실 제가 여러분 나이 때에 지금의 길을 꿈꿨던 건 아닙니다. 실제로 꿈꾼다고 그대로 이루어지지도 않고요. 우리가 어떻게 10년 후, 20년 후의 미래를 정확히 예측할 수 있겠습니까? 다만 한 가지 분명한 것은, 여러분이 진로로 고민하더라도 여러분은 뭐든지 할 수 있는 젊음과 패기를 가지고 있는 위치에 있다는 사실입니다. "난 저 길을 가고 싶은데, 과연 내가 할 수 있을까?"라고 의심하지 마세요. 그게 현실이 되도록 고민과 망설임의 에너지를 오히려 노력하는 에너지로 바꾸세요. 지금 여러분은 뭐든지 될 수 있는 시기이기에 어떤 꿈을 가지셔도 좋습니다. 젊음과 열정으로 자신의 꿈을 향해 의심하지 말고 목표를 향해 열정적으로 노력하세요. 물론 노력하다가 다른 꿈으로 바뀔 수도 있겠죠. 하지만 이러한 노력의 과정에서 여러분이 원하는 걸 다 이루는 기회가 찾아올 겁니다. 의심하지 말고 여러분의 능력을 믿고 열심히 노력하세요

광주에서 태어나 호기심 많은 학생으로 자랐다. 어린 시절 비교적 내성적이었으나 동아리 회장과 반장의 역할을 하면서 외향성을 띠게 되었다. 고등학교 시절엔 화학 과목이 재미있었고, 화학공학의 전망에 매력을 느껴 화학공학의 길을 선택하게 되었다. 고등학교를 마치고, 울산과학기술원을 졸업한 후에 현재 롯데케미칼에 입사하여 재직 중이다. 롯데케미칼 첨단소재사업부 여수공장에서 화학공학 엔지니어로 일하고 있다. ABS 합성수지를 제조하는 공정에서 근무하고 있으며, 생산공정운영 분석과 최적화 업무, 공장 증설 설계 검토 등의 업무를 진행하고 있다. 화학공학 엔지니어가 되기 위해 필수적인 것은 아니지만, 업무능력 향상을 위해 개인적으로 취득한 자격증으로는 화공기사, 가스기사, 위험물 산업기사 등이 있다. 또한 미국 화공기사(FE), 미국 화공기술사(PE) 자격 취득을 위해 공부 중이며, 미래의 세계 에너지 시장에서 주축이 되려는 포부를 품고 있다.

롯데케미칼 첨단소재사업부
김 결 엔지니어

현)롯데케미칼 첨단소재사업부 여수공장
　　화학공학 엔지니어
• UNIST(울산과학기술원) 화학공학과 학사 졸업
• 화공기사, 가스기사, 위험물 산업기사 자격증 취득
• 현재 미국 화공기사(FE), 미국 화공기술사(PE)
　자격 취득 준비 중

화학공학기술자의 스케줄

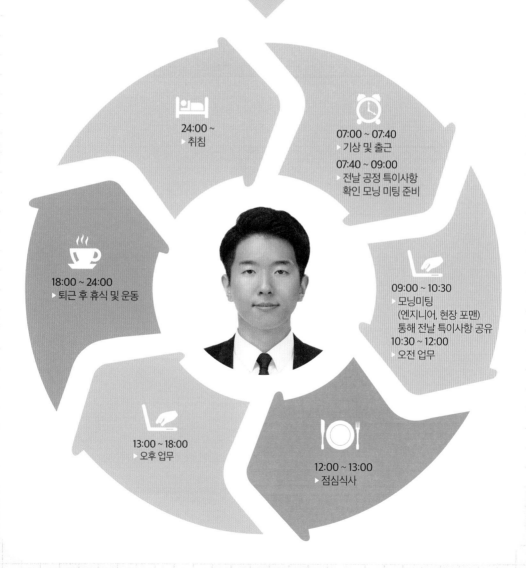

김 결
엔지니어의
하루

24:00 ~
▸ 취침

07:00 ~ 07:40
▸ 기상 및 출근
07:40 ~ 09:00
▸ 전날 공정 특이사항
확인 모닝 미팅 준비

09:00 ~ 10:30
▸ 모닝미팅
(엔지니어, 현장 포맨)
통해 전날 특이사항 공유
10:30 ~ 12:00
▸ 오전 업무

18:00 ~ 24:00
▸ 퇴근 후 휴식 및 운동

13:00 ~ 18:00
▸ 오후 업무

12:00 ~ 13:00
▸ 점심식사

수학과 영어는 나의 양 날개

▶ 어린 시절

▶ 학창 시절

▶ 테니스 대회

Question 어린 시절을 어떻게 보내셨나요?

호기심이 많은 학생이었죠. 궁금한 것이 있으면 부모님께 물어보며 꼭 해결하는 성격이었죠. 다만 어릴 적에는 공부보다는 컴퓨터 게임에 빠져서 놀기 좋아했고 벼락치기로 공부했답니다. 중학교 3학년 여름방학에 "이렇게 살면 내가 원하는 꿈을 이룰 수 없겠구나"라고 깨달았죠. 그 이후 열심히 공부했던 기억이 납니다. 어린 시절 꿈은 의사가 되어 뭔가 가치 있는 일을 해보고 싶었어요. 하지만 대학에 입학 후 화학공학을 공부하면서 멋진 엔지니어가 되고 싶었고, 진로를 화학공학 엔지니어로 결정하게 되었죠.

Question 좋아했던 과목이나 분야가 있으신가요?

수학과 영어를 좋아했습니다. 수학을 좋아한 이유는, 어려운 문제를 해결해서 답이 나왔을 때의 즐거움이 좋았기 때문입니다. 답이 하나로 명쾌하게 정해져 있다는 점이 매력이었죠. 수학 성적은 그리 좋지 못했지만, 문제 해결하는 논리가 좋았던 것 같아요. 영어를 좋아한 이유는, 생활과 밀접한 과목이라고 생각했기 때문입니다. 영어를 유창하게 잘하면 외국인과 대화도 하고 접근할 수 있는 정보도 다양해진다고 생각했죠. 졸업 후 지금까지 영어 공부는 계속 놓지 않고 있답니다.

Question 학창 시절 어떤 성격이었나요?

남들 앞에서 나서는 걸 부끄러워하고 내성적인 학생이었어요. 다만 고등학교 시절 동아리 회장, 반장을 할 기회가 생겼죠. 직책을 맡고 1년 동안 활동하면서 좀 더 외향적으로 성격이 바뀌었죠.

Question 화학 관련학과를 전공하게 된 계기는 무엇이었나요?

고등학교 시절 화학 과목을 재미있게 공부했던 기억이 있어서 화학공학으로 전공을 선택했습니다. 취업이 수월하다는 소문도 영향을 주었고요. 대학교에 입학 후 일반생물학, 일반물리, 일반화학, 프로그래밍 언어 등을 고루 공부했었는데요. 역시 화학 과목이 공부하기가 가장 수월하더라고요.

Question 대학 생활은 어떠셨나요?

공부의 연속이었죠. 입시로 인한 스트레스에서 벗어나서 마음은 편했지만, 공과대학의 특성상 학교 수업 따라가는 것조차 벅찼습니다. 영어로 모든 수업이 이뤄졌기에 교수님들의 강의내용을 듣고 이해하기 어려워서 굉장히 힘들었던 기억이 있네요. 하지만 방학 중에 친구들과 제주도 자전거 여행, 유럽 배낭여행, 여러 대외활동 등을 하며 좋은 추억을 쌓았습니다. 홍콩 여행도 했고 테니스 동아리 활동을 하며 재밌게 보냈던 시간도 있습니다.

Question 대학 시절 특별히 기억에 남는 에피소드가 있으신가요?

대학교 1학년 시절 친구들과 자전거를 타고 제주도를 돌아다녔던 기억이 납니다. 한여름 땡볕에 자전거를 빌려 달렸던 경험은 힘들었지만, 마치고 나서 굉장히 뿌듯했었죠. 제주도 여행 마지막 날, 한라산을 등반했는데 폭우가 오는 바람에 우비를 입고 산에 올랐었죠. 지금 다시 하라고 하면 못할 경험이지만, 다섯 명의 친구들과 함께했던 그 시절이 매우 그립네요.

▶ 유럽 여행

▶ 유럽 여행

▶ 홍콩여행 야경

소통과 협업으로
문제를 해결하라

제가 졸업한 학교는 과학기술원으로서 대학원에 진학하여 연구를 이어가는 학생들이 많아요. 군대를 전역하고 대학원과 취업 사이에서 고민하고 있을 무렵, 학교에서 진행하는 프로그램에 참여해서 울산지역 화학공장을 견학할 기회가 있었지요. 화학공학 지식을 바탕으로 원료물질이 완성된 제품으로 만들어지는 과정이 신기했고, 엔지니어가 되어 공정의 문제점을 해결하는 모습이 매력적인 비전으로 다가왔습니다. 결국 취업을 선택하게 되었죠.

Question 화학공학기술자가 되기 위해 어떤 준비를 해야 할까요?

화학공학기술자가 되기 위해서는 대학에서 화학 관련학과를 전공해야 하죠. 관련된 전공으로는 화학과, 고분자공학과, 화학공학과 등이 있으며, 대학교 4년 동안 학업 과정 이외에 부족한 전공지식을 쌓기 위해 관련된 기사 자격증을 취득하기도 합니다.

Question 직업으로 화학공학기술자를 선택하시게 된 계기가 있나요?

화학공학을 전공으로 선택했었고, 전공을 살려 취업하고 싶었습니다. 또한 화학공학을 전공하면 보통 안정적이고 높은 연봉을 주는 회사에 취업할 기회가 주어지기에 화학공학기술자를 선택하게 되었죠.

일하실 때 가장 중요하게 생각하는 부분은 무엇인가요?

  화학공장이 안정적으로 운전되기 위해서는 여러 인원의 도움이 필요합니다. 기계, 전기, 계기, 설비의 유지보수를 담당하는 부서, 생산 제품의 출고 일정에 맞춰 스케줄링 하는 부서 등 화학공장 내에는 여러 인원이 근무해요. 따라서 일할 때 가장 중요한 점은 사람들과의 의사소통 능력이라고 생각합니다. 조직 내에서 다른 인원들과의 협업을 통해 많은 문제가 해결됩니다. 밝은 모습으로 다른 사람들을 대하고, 자기 업무를 충실히 해 나가는 게 중요합니다.

Question

현재 하시는 업무 소개 부탁드립니다.

  '롯데케미칼' 이라는 석유화학 회사에서 생산 엔지니어로 일하고 있어요. 석유화학 산업이란 석유(나프타 등) 또는 천연가스(에탄, LNG)를 원료로 열분해(cracking)하여, 에틸렌, 프로필렌, 부타디엔, 벤젠, 톨루엔, 자일렌 등 석유화학 기초 원료를 생산하는 상류 부분이 있고요. 이를 원료로 합성수지(LDPE, HDPE, PP, PS, ABS, PVC 등), 합성수지 원료(AN, EG 등), 합성고무(SBR, BR) 등의 고분자 제품을 비롯하여 합성세제(계면활성제) 유기용제, 염료, 농약, 의약품 등을 생산하는 하류 부문이 있답니다. 저는 생활가전과 자동차 내외장재에 들어가는 ABS 합성수지를 제조하는 공정에서 근무하고 있으며, 생산공정운영 분석과 최적화 업무 그리고 Trouble shooting, 공장 증설 설계 검토 등의 업무를 진행하고 있습니다.

Question 화학공학기술자가 된 후 첫 업무는 어떤 것이었나요?

부서에 처음 배치받고 맡게 된 업무는 공정에서 사용되는 물질의 특성을 조사하고 공정의 어느 부분에 사용되고 있는지 조사하는 것이었습니다. 공정에서 사용되는 화학물질의 특성을 숙지하고 있어야 공정의 운전조건과 설계 조건이 정해지기에 화학공학기술자가 되려면 필수적으로 위 사항을 숙지하고 있어야 하죠.

Question 근무 여건이나 급여에 관해서 알 수 있을까요?

석유화학 산업의 특성상 원부 원료들이 배를 통해 많이 들어오기에 울산, 여수, 대산 등에 화학공장이 있어요. 주로 다른 지역에 살다가 오는 경우가 많아서 주로 회사에서 제공하는 기숙사나 사택에서 지내게 되죠. 구체적인 연봉은 밝힐 수 없지만, 석유화학 회사에 들어가게 되면 국내 대기업 중에서 높은 수준의 연봉을 받을 수 있다고 보시면 됩니다.

Question 화학공학기술자가 되고 나서 새롭게 알게 된 점은 무엇일까요?

우리 삶에서 일상적으로 볼 수 있는 제품들 대다수가 화학공학을 기반으로 만들어졌다는 것이죠. 전자기기(노트북, 스마트폰, 게임기), 자동차 내외장재, 세탁기의 대다수 부품이 화학공학 공정을 거쳐 제품화되고 있습니다.

▶ 신입사원 교대실습실에사

현대사회는
화학공학과 더불어
진화한다

▶ 신입사원 교대실습

▶ 근무 작업복을 입고 한 컷

화학 분야가 우리 사회에 미치는 영향은 무엇이라고 생각하시나요?

화학은 우리의 삶과 가장 밀접하게 연관되어있는 분야입니다. 인류는 화학공학의 발전과 함께 삶의 질이 개선되었고, 화학공학자는 큰 틀에서 사회의 많은 것에 이바지하는 직업이라고 생각해요. 현재에 안주하지 않고 끊임없이 더 나은 제품을 만들고, 문제를 해결할 수 있다는 점에서 매력적인 학문입니다.

일하시면서 언제 보람을 느끼시나요?

공정의 운전상 문제를 개선하여 근무자들의 작업이 좀 더 쉽게 이루어졌을 때 보람을 느낀답니다. 화학공장의 특성상 안전 작업이 굉장히 중요하기에 사전에 사고가 날 수 있는 작업 방법을 개선하고 문제를 해결하는 것이 무엇보다 중요합니다.

힘들 때도 있었을 텐데요?

엔지니어는 부서에 들어오면 필수적으로 교대근무에 들어가게 됩니다. 처음 4조 3교대 근무할 때, 생활 리듬이 깨지며 굉장히 몸이 힘들었던 기억이 납니다.

스트레스 관리는 어떻게 하시는지요?

코로나바이러스가 터지기 전까지는 퇴근 후 수영을 즐겼었죠. 학창 시절부터 수영을 꾸준히 해왔고, 기숙사 근처에 수영장이 있었기에 운동하며 스트레스를 풀었어요.

Question 향후 삶의 목표는 어떻게 설정하셨나요?

제 삶의 목표는 글로벌하게 제 역량을 펼치는 사람이 되는 겁니다. 화학공학 엔지니어로 사회 첫 커리어 시점엔 우선 실력 있는 엔지니어가 되고자 했죠. 입사 후에 가스기사, 위험물 산업기사 등의 기사 자격증을 추가 취득했습니다. 현재 미국 화공기사(FE), 미국 화공기술사(PE) 자격 취득을 위해 공부 중이에요. 추가로 전화 영어, 중국어 학습을 병행하고 있으며 한 달에 한 권씩 책 읽는 것을 목표로 정진하고 있습니다. 화학공장 엔지니어의 다음 커리어가 무엇이 될지는 모르겠지만, 미래의 세계 에너지 시장에 주축이 되는 일원으로서 커리어를 펼쳐나가고 싶습니다.

Question 직업으로서 화학공학기술자의 매력은 무엇인가요?

직업으로서 화학공학기술자의 매력은 전공을 살려 가장 가까이서 제품이 만들어지는 단계를 볼 수 있다는 점입니다. 업무강도가 강하여 몸이 힘들지만, 힘든 업무 속에서 자신만의 보람을 찾고자 한다면 충분히 매력적인 직업이라고 생각해요.

Question 인생의 선배로서 학생들에게 실제적인 조언 부탁드립니다.

학생일 때 생각하는 직업의 모습과 실제 직업의 모습은 굉장히 차이가 납니다. 본인이 미래에 어떤 사람이 되고 싶은지 곰곰이 생각해보고, 그 모습이 되기 위해 정진해나가다 보면 자기 꿈에 가까워져 있지 않을까요? 사회가 요구하는 특정 직업이나 직장에 꿈을 한정하지 말고, 많은 경험을 하면서 꾸준히 준비해나간다면 좋은 열매가 기다리고 있을 겁니다.

i

화학공학기술자에게
청소년들이 묻다

청소년들이 화학공학기술자에게
직접 물어보는 9가지 질문

진로 때문에 고민이 많은데 무엇부터 해야 할까요?

요즘 입버릇처럼 하는 말이 있어요. "아! 그때 영어 공부 좀 할 걸, 대학 때 다양한 공부를 했었으면" 저도 고등학생 때 정말 원 없이 공부했다고 생각했지만, 지금에 와서도 제가 부족한 걸 많이 느끼고 있어요. 학생일 때 공부에 전념해 보는 것도 좋을 것 같네요. 사실 학창 시절은 공부에만 전념할 수 있는 유일한 시기거든요. 공부는 일종의 보험 같아서 잘해 놓으면 본인이 진짜 하고 싶은 것을 찾았을 때 큰 도움이 될 거예요. 또한 그때 공부했던 습관은 평생 몸이 기억해서 나중에 공부해야 할 순간이 왔을 때 빨리 적응하게 되죠. 한순간도 헛되이 보내지 마시고, 지금 가장 잘할 수 있는 분야에 전념해 보는 건 어떨까요?

화학공학과로 진학하게 된 계기와 과정은 어땠나요?

네. 고등학교 3학년 때 학교고교장추천제라는 대학입학 시스템이 있었어요. 그때 우리 학교에서 이과 2명 중 한 명으로 선발되어 서울대학교에 지원하게 되었는데 지원학과를 정하는 과정에서 환경에 관심이 많아서 환경이라는 이름만 보고 '지구환경시스템공학부'에 지원했었죠. 사실 그 과는 제가 생각했던 환경문제 해결을 위한 화학 기술과는 관련이 크게 없는 과였답니다. 그래서 면접에서 제대로 대답도 못 하고 탈락했죠. 그리고 굉장히 낙심하고 있었는데 알고 보니 제가 원하는 과는 '응용화학부'라는 과였어요. 결국 수능을 치르고 운명처럼 제가 원하는 화학공학 분야로 진학하게 되었답니다.

화학공학기술자가 되면 위험에 많이 노출되는 거 아닌가요?

화학이라는 이름만 들으면 뭔가 위험한 화학물질을 취급해서 사고에 노출되는 직업이라고 생각할 수 있습니다. 하지만 실제로는 그렇지 않습니다. 위험한 화학물질을 주로 다루긴 하지만, 법이라는 울타리 안에서 허용된 양과 방법으로만 사용하죠. 대표적인 것이 화관법(화학물질관리법)과 화평법(화학물질 등록 및 평가에 관한 법)이 있으며 이 법의 기준에 맞지 않는 용도나 양을 사용하면, 법에 따라 제재를 받게 됩니다. 이 법이 개정된 이후에는 중대 재해사고 건수가 크게 줄었다고 하니까 그만큼 철저하게 관리되고 있다는 것을 의미하겠죠? 그리고 또한 PSM(Process Safety Management, 공정안전관리)이라는 제도를 통해서 유해화학물질을 취급, 제조하는 사업장은 정해진 기간마다 안전한 사업장임을 증명하는 보고서를 제출해야 한답니다. 만약 이 기준에 맞지 않게 사업장이 불안전하게 관리되면 정부에서 영업정지라는 큰 제재를 가할 수도 있어서 사업장은 늘 이 틀을 지켜가며 사업을 합니다. 이렇듯 화학공학의 산업은 잠재적으로 큰 사고를 유발할 수 있기에 철저한 법의 테두리 안에서 업무가 진행됩니다. 이로 인해 안전한 업무가 가능한 것이죠.

화학공학과에 들어가려면 고등학교 때 어떤 활동이 필요할까요?

고등학교에 입학하면서 이과로 진로를 결정했었죠. 고등학교 시절 도서관에 방문할 때마다 근처에 있는 과학잡지를 지속해서 보았습니다. 과학탐구 동아리에 가입하여 2년 동안 활동했고요. 매년 연구 주제를 정하고 동아리 구성원들끼리 모여 탐구와 실험을 했답니다. 운 좋게 과학탐구 동아리 발표대회, 과학탐구 토론대회 등에 학교 대표로 나가기도 했었죠. 당시에는 의사의 꿈을 꾸며 열심히 학교생활을 했었는데, 나중에 화학공학으로 전공을 선택하고 공부하는 데 큰 영향을 주었습니다.

연료전지와 수소 에너지에 관하여 좀 더 자세히
설명해주실 수 있으신지요?

"연료전지"는 화학에너지를 전기에너지로 직접 변환하는 장치입니다. 전기생산 효율이 높아지면 공해 물질 배출이 적어져서 환경친화적이라고 말하는 것입니다. 화학에너지로는 수소 에너지와 산소 에너지가 필요해요. 산소는 공기로부터 쉽게 얻을 수 있지만, 수소는 다른 물질로부터 만들어야 합니다. 그래서 "수소 에너지"에 관한 많은 연구가 필요한 것이죠. 연료전지 작동과 수소 생산을 위해서는 전기화학 반응이 필수적이죠. 촉매는 이러한 전기화학 반응 속도를 높이는 역할을 합니다. 보통 가격이 비싼 귀금속(백금) 촉매를 사용하지만, 여전히 활성과 내구성 문제가 뒤따릅니다. 따라서 연료전지와 수소 에너지 상용화를 위해서는 저가, 고성능 촉매 개발이 필요합니다.

화학과 화학공학은 어떤 관계인가요?

화학과 화학공학은 엄연히 다른 개념입니다. 화학(Chemistry)이 학문이라면 화학공학(Chemical Engineering)은 화학 산업(Chemical Industry)을 뒷받침하는 공학(Engineering)입니다. 그렇다면 화학 산업이란 무엇일까요? 화학공학적 지식(이론)을 이용하여 경제성(이익)을 얻는 산업을 의미합니다. 이렇게 화학공학지식으로 이익을 얻을 수 있는 화학 산업에는 유능하고 실력 있는 화학공학기술자가 절대적으로 필요합니다. 화학공학의 기술과 이론을 바탕으로 화공산업의 부가가치를 창출해내는 역할을 하는 것이 바로 화학공학기술자(Engineer)입니다.

화학공학과 관련된 새로운 직업이 생긴다면 어떤 것이 있을까요?

새로운 화학물질의 개발, 양산시설 확보, 이용, 판매 등 전 분야에서 새로운 기회가 열릴 겁니다. 약물 합성 분야나 환경 개선을 위하여 이산화탄소 문제를 해결하거나 친환경 에너지와 관련한 대체 에너지 분야에도 인력이 많이 요구됩니다. 또한 생명 공학 산업이나 IT 산업의 기초 소재 개발 사업에서 엄청난 새로운 직업이 생길 거로 봅니다.

미국에서 유학하게 된 과정을 알고 싶어요.

한국에서 대학원 석사과정에 진학할 때는 유학에 뜻이 없었어요. 왠지 저하고는 거리가 먼 진로라고 느껴졌거든요. 유학을 결심한 계기로는 첫 번째로 제가 진학한 연구실 선배님께서 미국으로 유학 가시는 모습을 보면서 유학이라는 게 그렇게 낯선 얘기는 아니라고 생각이 들었죠. 두 번째는 대학원에 진학하여 연구하게 되면서, 미국 학자의 논문을 읽고 그 학교 연구실의 홈페이지에도 들어가 보면서 저도 그 안에서 경쟁하고 연구하고 싶은 생각이 들었어요. 그 당시 저는 제 인생의 짝을 일찍 만나서 석사과정 중에 결혼을 한 상태였습니다. 그러한 제 결심을 같이 응원해 준 아내가 있어 가능한 결정이었죠. 그렇게 유학을 결정하고 준비해서 미국 여러 학교에 지원해서 결국 텍사스 오스틴 주립대학교에 합격했답니다. 오스틴은 흔히 가지는 텍사스에 대한 이미지(황야, 사막)와는 다르답니다. 푸르고 여름에는 화씨 100도가 넘는 무더위지만, 겨울에는 춥지 않아서 살기 좋은 도시죠. 제가 박사학위를 받은 텍사스 오스틴 주립대학교는 한국인 유학생들도 많고, 한인 커뮤니티가 잘 운영되고 있어요. 특히 저는 한인 성당을 다니면서 미국 생활 정착에 큰 도움을 받았습니다.

화공기술자로서 회사에서 근무환경이나
처우는 괜찮은가요?

제가 일하고 있는 포스코건설은 인천 연수구 송도 국제도시에 있습니다. 사내 셔틀버스가 잘 구축이 되어있어서 서울이나 경기지방에서도 출퇴근하기가 편리합니다. 포스코건설의 평균연봉은 8천만 원 정도이며, 이는 직급과 성과에 따라 차이가 있습니다. 맡은 프로젝트를 성공적으로 완수하였을 때는 그 기여도에 따라 포상과 보너스를 받기도 합니다. 국가 기술사 자격증을 취득하게 되면 회사에서 매달 30만 원의 자격 수당을 지급해주는 제도도 있고요. 최대 2개 자격증까지 수당을 지급해주고 있어서 직원이 자기 계발에 힘쓰도록 동기 부여를 주고 있습니다. 또한 직원들의 자기 계발을 위해 매년 일정 금액을 지원하는 복지제도도 있어요. 이런 제도로 직원들은 영어나 피트니스, 자격증 취득, 도서, 대학원 등 다양한 방면으로 자기 계발을 하고 있습니다. 포스코건설은 사내 포털 시스템(Portal System)이 잘 구축되어 있어서, 직원들의 애로사항을 빠르게 반영하고 해결해주기 위해 노력하고 있죠. 이러한 회사 측의 적극적인 노력으로 직원들이 더 쾌적한 근무환경에서 일하고 있답니다. 현재는 코로나 시대에 직원들이 안심하고 근무할 수 있는 안전한 환경을 조성하기 위해 노력 중이에요. 근무를 3교대 조로 나누어서 출근하고 있고, 비대면 온라인 회의와 비대면 온라인 교육 등을 적극적으로 활용하고 있습니다.

CHAPTER

| 3 |

예비
화학공학기술자
아카데미

화학공학 관련 대학 및 학과

화학공학과

학과개요

우리가 태어나서 보는 모든 것은 화학 물질로 이루어진 것이라 할 수 있습니다. 화학공학과는 화학 물질을 다루는 것뿐 아니라 신재생 에너지 분야, 환경공학분야, 생명공학 등 관련 분야까지 폭넓게 배우는 학과입니다. 화학 공정에 대한 정확한 분석력과 응용력을 갖춘 화학공학 기술자를 양성하는데 교육목표를 두고 있는 학과입니다.

학과특성

에너지 분야 소재, 센서소재 설계, 고분자 소재, 무기 및 유기 화학 물질 등 화학공학은 기본 분야로 대부분의 다른 공학 분야에도 널리 활용되고 있으며 응용 분야가 많습니다. 화학공학은 이미 개발된 화학물질과 반응을 이용해 제품을 대량생산하는 화학공정에 대해 배우고, 화학과는 화학반응과 화학 물질에 대해 깊이 배우고 연구하는 것이 화학공학과와 화학과의 차이라 할 수 있습니다.

개설대학

지역	대학명	학과명
서울특별시	건국대학교(서울캠퍼스)	화학공학전공
	건국대학교(서울캠퍼스)	화학공학과
	건국대학교(서울캠퍼스)	화학공학부
	경희대학교(본교-서울캠퍼스)	화학공학과
	경희대학교(본교-서울캠퍼스)	화공 · 재료공학부
	고려대학교	화공생명공학과
	고려대학교	재료화공생명공학부
	광운대학교	화학공학과
	동국대학교(서울캠퍼스)	화학공학전공
	동국대학교(서울캠퍼스)	화공생물공학과

지역	대학명	학과명
서울특별시	동국대학교(서울캠퍼스)	화학공학과
	상명대학교(서울캠퍼스)	화공신소재학과
	서강대학교	화공생명공학전공
	서울과학기술대학교	화공생명공학과
	서울시립대학교	화학공학과
	성균관대학교	화학공학부
	성균관대학교	화학공학과
	성균관대학교	화학공학/고분자공학부
	숙명여자대학교	화공생명공학부
	숭실대학교	화학공학과
	연세대학교(신촌캠퍼스)	화공생명공학전공
	연세대학교(신촌캠퍼스)	화공생명공학부
	이화여자대학교	화학 · 나노과학전공
	한양대학교(서울캠퍼스)	화학공학과
	한양대학교(서울캠퍼스)	화학공학전공
	홍익대학교(서울캠퍼스)	신소재·화공시스템공학부 화학공학전공
부산광역시	동서대학교	화학공학전공
	동서대학교	화학공학부
	동서대학교	신소재화학공학전공
	동아대학교(승학캠퍼스)	화학공학과
	동아대학교(승학캠퍼스)	신소재화학공학부 화학공학과
	동의대학교	화학공학전공
	동의대학교	화학공학과
	부경대학교	화학공학과
	부산대학교	응용화학공학부
	부산대학교	화공생명 · 환경공학부
	부산대학교	화학공학과(LG하우시스)
	부산대학교	화공생명 · 환경공학부 화공생명공학전공
	부산대학교	화공생명공학부
	신라대학교	화학공학전공
인천광역시	인하대학교	화학공학과

지역	대학명	학과명
대전광역시	건양대학교(메디컬캠퍼스)	화공생명학과
	대전대학교	환경공학 · 응용화학학부
	대전대학교	환경·화학융합학부
	충남대학교	응용화학공학과
	충남대학교	화학공학과
	충남대학교	정밀응용화학과
	충남대학교	바이오응용화학부
	한남대학교	화학공학과
	한남대학교	화공신소재공학과
대구광역시	경북대학교	나노소재공학부 에너지화공전공
	경북대학교	응용화학공학부 (응용화학전공, 화학공학전공)
	경북대학교	나노소재공학부 화학공학전공
	경북대학교	화학공학과
	경북대학교	응용화학공학부 화학공학전공
	계명대학교	화학공학과
	계명대학교	화학공학전공
울산광역시	울산대학교	화학공학전공
	울산대학교	화학공학부
광주광역시	전남대학교(광주캠퍼스)	화학공학부
	전남대학교(광주캠퍼스)	응용화학공학부
경기도	가천대학교(글로벌캠퍼스)	화공생명공학과
	가천대학교(글로벌캠퍼스)	화공생명공학전공
	경기대학교	화학공학과
	단국대학교(죽전캠퍼스)	화학공학과
	대진대학교	화학에너지공학전공
	명지대학교 자연캠퍼스(자연캠퍼스)	화학공학과
	명지대학교 자연캠퍼스(자연캠퍼스)	화공신소재환경공학부
	수원대학교	화공생명공학과
	수원대학교	화공신소재공학부
	수원대학교	화학공학·신소재공학부
	수원대학교	화학공학

지역	대학명	학과명
경기도	수원대학교	화학공학과
	아주대학교	화학공학과
	한경대학교	화학공학과
	한경대학교	화학공학전공
	한양대학교(ERICA캠퍼스)	화학공학과
	한양대학교(ERICA캠퍼스)	화학분자공학과
강원도	강원대학교	화학공학전공
	강원대학교(삼척캠퍼스)	화학공학과
	강원대학교	산업 · 화학공학과군
	강원대학교(삼척캠퍼스)	화학공학전공
	강원대학교	화학공학과
	상지대학교	응용과학군정밀화학신소재학과
	상지대학교	정밀화학신소재학과
충청북도	유원대학교	화장품피부미용학과
	충북대학교	화학공학과
충청북도	한국교통대학교	나노화학소재공학과
	한국교통대학교	화공신소재고분자공학부
	한국교통대학교	화공생물공학과
	한국교통대학교	화공생물공학전공
충청남도	공주대학교	화학공학전공
	공주대학교	화학공학부
	단국대학교(천안캠퍼스)	응용화학공학과
	상명대학교(천안캠퍼스)	그린화학공학과
	선문대학교	환경생명화학공학과
	순천향대학교	나노화학공학과
	순천향대학교	화학공학과
	청운대학교	화학공학과
	한국기술교육대학교	응용화학공학과
	한국기술교육대학교	에너지신소재화학공학부
	한서대학교	항공화공전공
	한서대학교	화학공학과

지역	대학명	학과명
충청남도	호서대학교	화학공학과
	호서대학교	화학공학부
전라북도	군산대학교	나노화학공학과
	원광대학교	화학융합공학과
	원광대학교	탄소융합공학과
	원광대학교	화학생명공학계열
	전북대학교	환경화학공학부(화학공학전공)
	전북대학교	화학공학부(생명화학공학전공)
	전북대학교	화학공학부
	전북대학교	화학공학부(에너지화학공학전공)
	전북대학교	화학공학부(나노화학공학전공)
	전주대학교	탄소융합공학과
전라남도	순천대학교	화학공학과
	순천대학교	기초의 · 화학부
	순천대학교	고분자·화학공학부(화학공학전공)
	전남대학교(여수캠퍼스)	화공생명공학과
경상북도	경일대학교	화학공학부 화학공학전공
	경일대학교	화학공학과
	금오공과대학교	화학소재융합공학부
	금오공과대학교	에너지 · 화학공학전공
	금오공과대학교	[화학소재]응용화학전공
경상북도	금오공과대학교	화학소재공학부
	금오공과대학교	[화학소재]화학공학전공
	대구가톨릭대학교(효성캠퍼스)	화학공학전공
	대구대학교(경산캠퍼스)	화학공학과
	동양대학교	화공생명공학과
	영남대학교	화학공학전공
	영남대학교	디스플레이화학공학전공
	영남대학교	화학공학부
	영남대학교	에너지화공전공
	영남대학교	디스플레이화학공학부

지역	대학명	학과명
경상북도	영남대학교	융합화학공학전공
	영남대학교	화공시스템전공
	포항공과대학교	화학공학과
경상남도	경상국립대학교	화학공학과
	경상국립대학교	P&P화학공학전공(공학)
	창원대학교	화공시스템공학과
세종특별자치시	홍익대학교 세종캠퍼스(세종캠퍼스)	화학시스템공학과
	홍익대학교 세종캠퍼스(세종캠퍼스)	바이오화학공학과

화학과

학과개요

불은 인류의 삶에 획기적인 변화를 가져왔습니다. 이같은 불은 화학반응의 결과입니다. 우리 주변의 대부분은 화학적 원리와 관련되어 있습니다. 그만큼 화학은 일상과 밀접하고 중요합니다. 화학과는 물질의 성분과 구조를 이해하고, 물질 변화의 원리를 탐구하는 곳입니다. 화학과는 화학 원리와 탐구 능력을 실천하고, 인류에게 필요한 새로운 물질을 만드는 전문 인력을 기르는 곳입니다.

학과특성

화학과는 신소재, 대체 에너지, 신약 개발, 나노 화학, 생명공학 기술 등 다양한 분야를 이끄는 자연 과학의 중심 학문입니다. 화학과는 여러 분야와 연계된 만큼 취업 분야나 진로 범위도 광범위합니다.

개설대학

지역	대학명	학과명
서울특별시	건국대학교(서울캠퍼스)	특성화학부
	건국대학교(서울캠퍼스)	화학과
	경희대학교(본교-서울캠퍼스)	화학과

지역	대학명	학과명
서울특별시	고려대학교	화학과
	광운대학교	화학과
	덕성여자대학교	화학과
	덕성여자대학교	화학전공
	동국대학교(서울캠퍼스)	화학과
	동국대학교(서울캠퍼스)	화학전공
	삼육대학교	화학과
	상명대학교(서울캠퍼스)	화학과
	서강대학교	화학전공
	서울대학교	기초과정
	서울대학교	화학부
	서울여자대학교	화학전공
	서울여자대학교	화학과
	성균관대학교	화학과
	성균관대학교	화학전공
	성신여자대학교	화학과
	세종대학교	화학과
	세종대학교	화학전공/화학환경학부
	세종대학교	화학전공/화학생물학부
	숙명여자대학교	화학과
	숭실대학교	화학과
	연세대학교(신촌캠퍼스)	화학과
	이화여자대학교	화학전공
	중앙대학교 서울캠퍼스(서울캠퍼스)	화학과
	한국외국어대학교	화학과
	한양대학교(서울캠퍼스)	화학전공
	한양대학교(서울캠퍼스)	화학과
부산광역시	경성대학교	화학과
	경성대학교	화학전공
	고신대학교	화학신소재전공

지역	대학명	학과명
부산광역시	동아대학교(승학캠퍼스)	화학과
	동의대학교	화학과
	부경대학교	화학과
	부산대학교	화학과
인천광역시	인천대학교	화학과
	인하대학교	화학과
대전광역시	목원대학교	화학 · 화장품학부
	충남대학교	농화학과
	충남대학교	화학과
	충남대학교	화학전공
	한국과학기술원	화학과
	한남대학교	화학과
대구광역시	경북대학교	화학과
	계명대학교	화학전공
울산광역시	울산과학기술원	나노생명화학공학부
	울산대학교	화학과
	울산대학교	화학전공
광주광역시	광주과학기술원	화학전공
	전남대학교(광주캠퍼스)	화학과
	조선대학교	화학과
경기도	가천대학교(글로벌캠퍼스)	나노화학과
	가천대학교(글로벌캠퍼스)	화학과
	가톨릭대학교	화학과
	가톨릭대학교	화학전공
	경기대학교	화학과
	단국대학교(죽전캠퍼스)	화학과
	대진대학교	화학전공
	명지대학교 자연캠퍼스(자연캠퍼스)	화학과
	수원대학교	화학
	수원대학교	융합화학산업

지역	대학명	학과명
경기도	수원대학교	화학과
	아주대학교	화학과
강원도	강원대학교	농화학과
	강원대학교	화학전공
	강원대학교	화학과
	연세대학교 미래캠퍼스(원주캠퍼스)	화학및의화학전공
	한림대학교	화학과
충청북도	건국대학교(GLOCAL캠퍼스)	에너지소재학전공
	충북대학교	화학과
충청남도	공주대학교	화학과
	단국대학교(천안캠퍼스)	화학과
	선문대학교	나노화학과
	순천향대학교	화학과
	한서대학교	화학과
전라북도	군산대학교	화학과
	원광대학교	바이오나노화학부
	전북대학교	화학과
	전북대학교	과학기술학부(화학전공)
전라남도	목포대학교	화학과
경상북도	대구가톨릭대학교(효성캠퍼스)	화학전공
	대구대학교(경산캠퍼스)	화학 · 응용화학과
	대구한의대학교(삼성캠퍼스)	향산업전공
	대구한의대학교(삼성캠퍼스)	향산업학과
	동국대학교(경주캠퍼스)	화학전공
	영남대학교	화학전공
	영남대학교	화학과
	영남대학교	화학생화학부
	포항공과대학교	화학과
경상남도	경상국립대학교	화학과
	인제대학교	화학과

지역	대학명	학과명
경상남도	창원대학교	화학과
	한국국제대학교	식품의약학과
제주특별자치도	제주대학교	화학·코스메틱스학부
	제주대학교	화학전공
	제주대학교	화학·코스메틱스학과
	제주대학교	화학과
세종특별자치시	고려대학교 세종캠퍼스(세종캠퍼스)	화학과

고분자공학과

학과개요

건축자재, 자동차 범퍼와 타이어, 모니터 디스플레이, 텔레비전, 세탁기, 항공기, 우주선 등 지금 눈앞에 보이는 거의 모든 물건의 재료는 고분자 물질로 구성되어 있습니다. 고분자 공학은 플라스틱, 섬유, 접착제, 페인트, 고무 등 고분자 물질의 특징과 구조에 대해 이해하고 고분자 재료의 합성, 가공, 기능화, 고성능화 방법, 각종 고분자 재료 이해, 고분자 관련 지식을 배우고 연구하는 학과입니다.

학과특성

고분자는 지구상에 존재하는 거의 모든 제품에 사용되는 재료로 자동차 타이어, 우주선 기체의 복합재료, 스텔스 항공기용 페인트, 유기반도체, 연료전지, 투명전극 등 가정용품부터 첨단산업 제품까지 산업 전 분야에 걸쳐 광범위하게 사용되고 있습니다. 고분자 공학은 주로 고분자 재료와 특성, 관련 이론을 공부하는 것이 신소재 공학이나 재료공학과와 다른 점이라 할 수 있습니다.

개설대학

지역	대학명	학과명
서울특별시	성균관대학교	고분자시스템공학과
부산광역시	동아대학교(승학캠퍼스)	신소재화학공학부 유기재료고분자공학과
	동아대학교(승학캠퍼스)	유기재료고분자공학과

지역	대학명	학과명
부산광역시	동의대학교	고분자소재공학전공
	부경대학교	고분자공학과
	부산대학교	고분자신소재공학전공
	부산대학교	고분자공학과
인천광역시	인하대학교	고분자공학과
대전광역시	배재대학교	나노고분자재료공학과
	충남대학교	고분자공학과
	충남대학교	고분자공학전공
대구광역시	경북대학교	고분자공학과
광주광역시	전남대학교(광주캠퍼스)	고분자융합소재공학부
	조선대학교	생명화학고분자공학과
경기도	단국대학교(죽전캠퍼스)	고분자공학과
	단국대학교(죽전캠퍼스)	고분자시스템공학부 파이버융합소재공학전공
	단국대학교(죽전캠퍼스)	고분자시스템공학부
	단국대학교(죽전캠퍼스)	고분자시스템공학과
	단국대학교(죽전캠퍼스)	고분자시스템공학부 고분자공학전공
충청북도	한국교통대학교	나노고분자공학전공
충청남도	공주대학교	고분자공학전공
전라북도	전북대학교	고분자섬유나노공학부 (고분자 · 나노공학전공)
	전북대학교	고분자나노공학과
	전북대학교	고분자공학전공
	전북대학교	고분자섬유나노공학부 (유기소재섬유공학전공)
	전북대학교	고분자섬유나노공학부
	전북대학교	신소재공학부 고분자나노공학전공
전라남도	순천대학교	고분자·화학공학부(고분자공학전공)
	순천대학교	고분자공학과
	순천대학교	고분자·화학공학부
경상북도	금오공과대학교	[화학소재]고분자공학전공
	금오공과대학교	고분자공학전공
	금오공과대학교	고분자융합소재공학전공

지역	대학명	학과명
경상북도	영남대학교	고분자·바이오소재전공
경상남도	경상국립대학교	고분자공학전공

기타 관련 학과

지역	대학명	학과명
서울특별시	상명대학교(서울캠퍼스)	공업화학과
	서울과학기술대학교	정밀화학과
	동양미래대학교	생명화학공학과
	서일대학교	생명화학공학과
	서일대학교	생명화공학과
부산광역시	부경대학교	공업화학과
	동의과학대학교	화학공업과
	부산과학기술대학교	정밀화학과
인천광역시	인하공업전문대학	화공환경공학과
대전광역시	한남대학교	코스메틱사이언스전공
울산광역시	울산과학대학교	화학공학과
광주광역시	서영대학교	생명화공과
경기도	경기과학기술대학교	화공환경공학과
	신구대학교	컬러과학과
충청북도	충북대학교	공업화학과
충청북도	충청대학교	생명화공과
충청남도	공주대학교	공업화학전공
전라남도	순천제일대학교	산업기술화공과
경상북도	구미대학교	국방환경화학과
경상북도	구미대학교	국방화학과

화학공학 관련 학문

1. 제어공학

제어이론을 적용하여 원하는 동작을 하도록 시스템을 구성하는 공학 분야이다. 실제로 센서 등을 통해 장치의 출력을 측정하고, 피드백을 통해 제어 대상인 액추에이터의 입력으로 사용하여 대상이 원하는 동작을 하도록 시스템을 만든다. 제어 대상에 따라 전기공학, 기계공학, 로봇공학, 항공공학(항공우주공학) 등과 결합하여 산업현장에서 많이 적용하여 사용한다.

2. 생명공학(biotechnology, BT)

생물의 유전자 DNA를 인위적으로 재조합, 형질을 전환하거나 생체기능을 모방하여 다양한 분야에 응용하는 기술 즉, 생명 현상, 생물 기능 그 자체를 인위적으로 조작하는 기술이다. 생물체가 가지는 유전·번식·성장·자기제어 및 물질대사 등의 기능과 정보를 이용해 인류에게 필요한 물질과 서비스를 가공·생산하는 기술을 말한다.

3. 원자력공학(Nuclear Engineering)

핵분열, 핵융합 등의 원자 에너지를 공학적으로 응용하거나 이용하는 것을 목적으로 한 공학으로 방사성동위원소의 이용도 포함된다. 원자력 기술은 원자핵의 분열 또는 융합에서 생성되는 에너지를 발전, 추진, 난방 등에 사용하는 기술과 방사선을 의학, 공학, 농학, 기초연구 등에 사용하는 기술로 나뉜다.

4. 나노기술

10억 분의 1m인 나노미터 크기의 원자, 분자 및 초분자 물질을 합성하고, 조립, 제어하며 혹은 그 성질을 측정, 규명하는 기술을 말한다. 대부분 일반화된 나노기술의 정의는 '국가나노기술개발전략(NNI: National Nanotechnology Initiative)'이 적어도 1~100나노미터의 크기를 가진 물질을 다루는 기술이라 정의했으며 일반적으로는 크기가 1~100나노미터 범위인 재료나 대상에 관한 기술이 나노기술로 분류한다. 나노 기술은 표면 과학(Surface Science), 유기 화학(Organic Chemistry), 분자 생물학(Molecular Biology), 반도체 물리학(Semiconductor Physics), 미세 제조(Micro fabrication) 등의 다양한 과학 분야에 포함되어 이용되는 범위가 매우 넓다.

5. 기타 관련 학문

공학프로그래밍입문, 공학수학 및 연습, 화공양론, 공업무기화학, 공업물리화학, 공업유기화학, 화공기초설계, 화공유체역학, 고분자개론, 응용생화학, 화학반응공학, 공업화학실험 및 설계, 화공열역학, 에너지공학, 열 및 물질전달, 공업고분자화학, 생물화학공학, 화학공학프로젝트, 공정제어, 화공수학, 분리공정설계, 화학공학실험 및 설계, 화공설계, 석유화학공학이동현상, 화공전산응용 및 설계, 장치 및 공장설계, 화공기기분석, 유기전자자료, 생물화학공학, 화공재료융합기술, 전지기술설계, 환경과 에너지, 고분자공학, 반도체공정, 유기단위공정, 공업화학심화연구, 화학공학심화연구 등.

출처 : 대학저널(http://www.dhnews.co.kr)/ 위키백과

근대 화학공학의 탄생

화학공학은 각종 화학 장치의 설계·관리·운용 등에 필요한 기술을 종합적으로 연구하는 학문이다. 줄여서 화공학(化工學)이라고도 한다. 예로부터 많은 화학 기술이 주로 경험에 입각한 창의로 생겨나고 이용했으나, 자연과학으로서의 화학이라는 분야가 새로 생겨나 체계화되고 발전됨에 따라 수많은 새로운 화학 기술들이 개발되면서 근대적 화학공업이 출현하고 발전하게 되었다. 화학의 발전으로 새로운 화학제품과 제조 방법의 기본이 되는 새 화학 반응물이 발견되었으나, 이것을 공업적으로 생산할 수 있게 하는 기술로 전환하기 위해서는 화학이나 화학자의 힘만으로는 어렵다는 것이 밝혀졌다. 따라서, 화학 기술자라는 새 직종과 화학공학이라는 새 공학체계의 확립이 필요하게 되었다. 그러나 토목·건축·기계 같은 공학들이 19세기 전반까지 유럽에서 태어나고 체계화되어간 데에 비하면 화학공학의 탄생은 매우 늦게 이루어졌다.

화학공학의 체계 확립은 1880년대에 영국에서 시도되었으나 20세기에 들어와 미국에서 첫 성공을 거두게 되었다. 1908년 창립된 미국화학기술자협회가 주동이 되고 매사추세츠공과대학을 본거지로 하여 1915년에 단위조작의 개념이 명확히 규정되었다. 즉, 화학공업에서의 여러 제조공정은 기본적인 몇몇 물리적인 단위조작(증발, 건조, 증류 등)의 결합이므로 이와 같은 각 조작을 이론적으로 체계화하여 정리하고 연구, 발전시키는 것을 화학공학의 기본으로 정의하였다. 단위조작을 바탕으로 하는 화학공학 체계는 미국에서 큰 성과를 거두어 화학공업과 기술발전에 크게 공헌하였으며, 미국대학의 모든 화학 기술교육은 화학공학과로서 이 체제에 따르게 되었다.

학문으로서의 단위조작도 더욱 발전된 체계로 바뀌었다. 1930년대에는 제조공정들을 화학적인 공통

요소별로 정리하여 단위반응 공정으로 체계화하여 물리적인 단위조작과 양립시켜야 한다는 주장이 제기되었으나 큰 반향을 얻지는 못하였다. 그러나, 1950년대에 들어서면서 화학반응의 공학적 해석을 통한 합리적인 반응장치 설계의 이론적인 기반 구축을 목적으로 하는 반응공학(反應工學)이 화학공학의 한 분야로 추가되었다. 1960년대에는 화학공업에서 장치·공정·공장들을 전체적으로 최적하게 설계·운전해야 할 필요성이 커짐에 따라 컴퓨터를 이용하여 공정의 자동화 및 자동제어를 구현하는 공정제어 기술 또는 시스템공학 기술이 화학공학에 추가되었다.

　유럽에서는 20세기 중반까지도 화학 기술의 개발과 발전에 있어 화학의 중요성을 강하게 인식하면서 교육과 연구에서 공업화학을 주로 하는 경향을 보이고 있으며, 시간이 지남에 따라 미국식 화학공학의 도입이 늘어났으나 대학에 공업화학과가 없는 미국식과는 다른 형태를 보인다. 일본도 1930년대부터 미국의 화학공학을 도입하기 시작하였으나 공과대학에서의 교육과 연구는 화학공학과 공업화학과로 이원화되어 있다.

우리나라 화학공학의 역사

우리나라에서의 근대적 화학 기술의 교육이나 생산활동은 20세기에 들어와서 시작되었다고 할 수 있으나, 학문으로서의 화학공학을 '화학 기술의 교육과 연구 활동에 직결되고 공업생산과 연관되는 것'이라 할 때 그 자주적인 학문의 확립과 발전은 1945년 이후라 하겠다. 20세기 초에 관(官)이나 외국인들에 의해 몇몇 초보적 화학제품의 생산이 시작되었고, 소규모의 민족자본에 의한 요업·섬유·고무 공장들이 생겨났다.

■ 일제시대

교육 분야에서는 1915년에 설립된 경성공업전문학교에 응용화학과가 설치되면서 화학 기술의 고등교육이 시작되었으며, 1941년에는 경성제국대학에 신설된 이공학부에 응용화학과가 설치되었다. 그러나 이들 관립학교에서는 한국인을 정원의 4분의 1 이하로 제한하여 한국인 졸업생 수는 극소수에 지나지 않았고, 졸업생 취업도 차별 제한하여 기술자 본연의 길을 걸어갈 수 없는 상황이었다. 이들 기관에서의 학술 활동은 응용화학에 편중되었으며 별로 두드러진 것이 없었다. 1912년에 중앙시험소가 설립되면서 화학 기술에 관계되는 시험과 연구가 시작되었으나 국내 자원의 조사와 간단한 응용연구에 국한되었다.

■ 해방 직후

광복과 함께 1946년부터 미국식 교육제도가 채택되고 경성대학과 관립전문학교들이 통합되어 국립서울대학교가 생김에 따라 공과대학에 화학공학과가 발족하였다. 서울대학교 화학공학과는 국내 최초의, 그리고 1940년대 유일의 화학공학과로서 단위조작 강좌가 개설되었으나, 교육과 연구는 공업화학을

탈피하지 못하였다. 이외에 중앙시험소는 국립공업연구소로 개편되어 무기·유기·요업·식품·염직 등 주로 공업화학 부문의 시험과 연구를 시작하게 되었다. 한편, 자연과학 계통의 학문발전에 있어서 학회의 중요성이 인식되어 1946년에는 조선화학회(정부수립 후 대한화학회로 개칭)가 창립되었고, 화학과 화학공학을 비롯한 모든 응용화학 분야를 포함해 비교적 활발한 연구발표회를 개최하였으며, 『대한화학회지』를 간행하기 시작하였다.

■ 1950년대

1950년대에 들어와 휴전 후 국립과 사립의 대학 수가 늘어나면서 1954년에는 화학공학과의 수가 8개에 이르렀다. 1950년대 후반에 들어와 외국 원조가 학술과 교육 부문에도 이르게 되어 화학공학과의 체제도 미국식을 지향하게 되었으며, 많은 학생이 해외로 유학을 떠나고, 근대적 화학공장들이 건설되기 시작하였다. 1950년대 말까지의 활동은 주로 공업화학으로서 국내 원료나 자원 이용이 두드러졌으며, 요업관계·볏짚펄프·섬유소·황화염료·국산광물이용과 간단한 합성 등에 관한 논문이 『대한화학회지』에 수록되었다.

■ 1960년대

1962년부터 경제개발계획이 시작되면서 많은 화학공장이 건설되고 화학제품의 생산량이 증가하였으며, 이에 따라 화학 기술자의 수요가 늘어나고 외국의 근대적 기술이 도입되기 시작하였다. 또한, 외국에서 화학공학을 공부하고 들어오기 시작한 학계 인사들이 대학에 들어오면서 화학공학과의 교육과 연구 활동도 활발해졌다. 일부에서는 화학공학과 공업화학의 두 전공을 두는 예도 있었으나, 단위조작·반응공학·제어·설계 등 넓은 범위의

강좌가 화학공학과 내에 개설되었다. 1969년도에는 전국대학의 화학공학과의 수가 26개에 이르고, 모집정원도 1,000명을 넘게 되었다. 그리고 1960년대 후반에는 대학의 팽창에 따라 요업공학과(현재의 무기재료 또는 세라믹스공학과)·고분자공학과·공업화학과가 분리, 설치되는 경향을 나타내었다. 1959

년도와 1966년도에 각각 발족한 원자력연구소와 한국과학기술연구소에서의 화학공학 부문의 연구 활동도 활발해졌다. 대한화학회도 1961년부터 운영체제를 바꾸고 활기를 되찾았으며, 1962년에는 한국화학공학회가 창립되어 1963년도부터 학회지『화학공학』을 발간하여 연구논문 수록과 아울러 화학공학과 기술발전의 구심체이며 매개체로서 중추적 구실을 하게 되었다. 이와 같이 1960년대는 학술 활동의 기반이 구축되면서 매우 활발히 전개되기 시작한 시기였다. 유동(流動), 전열(電熱)·혼합을 비롯하여 추출·여과·건조·흡착 등 거의 모든 단위조작 각 분야의 연구논문이 발표되었다. 방사성동위원소를 쓰는 비료공장의 반응탑의 특성 연구, 평형에 관한 공학적 자료 연구, 반응공학적 연구와 촉매에 관한 공학적 연구들도 나타났다. 특히, 유동화와 유동층의 문제들이 여러 각도에서 다루어진 것이 두드러진다. 국산 무연탄의 반응성·가스화·연소·화학적 산화들이 연구되고, 국산광물자원의 화학적 이용연구와 고분자의 합성, 열분해 연구, 방사성 폐기물의 처리연구도 발표되었다.

■ 1970년대

1970년대에 들어와 대학의 화학공학과는 선진국형의 교과과정을 확립하고 시설 확충과 대학원의 활성화와 함께 활발한 학술 활동을 전개하기 시작하였다. 1973년에는 대학원 교육을 목적으로 하는 한국과학원이 학생을 모집하게 되어 화학공학에 있어 학술 활동 진흥의 또 하나의 계기가 되었다. 1970년대의 화학공학은 그 기반을 더욱 굳히면서 분야를 확대하고 연구를 깊이 있게 실행하는 방향에서 화학기술과의 상호의존과 보완관계를 긴밀히 하고, 나아가 이의 선도를 기하면서 전개되어갔다. 또한, 활발한 국제적 교류를 통해 선진기술을 습득함에 따라 학문적·산업적 능력과 수준이 두드러지게 향상되었다. 1971년 가을에는 대한화학회 25주년 기념행사로서 '석유화학공업'과 '국가발전에 있어서 화학과 화학 기술의 역할'이라는 2개 주제를 중심으로 국제학술 심포지엄이 개최되었으며, 1972년 10월에는 한국화학공학회 10주년 기념행사로서 국제화학공학 학술대회가 개최되었다. 대학의 학과분화에 따라 학회도 분화되어 오래전에 창립된 요업학회가 1964년도부터 회지를 발간한 데 이어 1976년에 한국고분자학회가 창립되어 1977년부터 회지『폴리머』를 발간하기 시작하였다. 1970년대부터의 학술 활동은 추출·흡착·증류·분쇄, 그리고 충전탑·기포탑·열전도도·상평형문제 등의 통상적 단위조작 연구 이외에 냉동건조·투석·역삼투압법·이온교환 같은 새로운 분리 조작 연구가 추가되었다. 또한, 공정최적화·시뮬레이션, 그리고 컴퓨터를 이용한 연구와 레올로지(rheology) 연구도 개척되었다. 고상반응·촉매반응 등의 연구가 활발해졌고, 특히 제올라이트(zeolite)에 관하여는 그 합성·분리기능·촉매기능들이 학술적 및 공학적으로 연구되어가는 것이 돋보였다. 국산 광물자원 이용과 그 밖의 여러 화학제품 생산에 관한 화학 반응의 화학공학적 연구가 그 범위를 확대해가면서 폭넓게 계속되었다. 고분자의 합성·반응·물성 및 이용연구들이 또한 매우 활발하여졌다.

■ 1980년대

1983년 5월에는 한국화학공학회 주관하에 제3차 아시아·태평양화학공학회의 (PACHEC, 1983)가 서울에서 개최되었으며, 우리나라를 포함한 16개국에서 1,000명 이상이 참석하여 30개 가까운 여러 분과에서 263편의 연구논문이 발표되는 성황을 이루었다. 국내에서의 국제 학술회의 개최는 꾸준히 계속되고 있으며, 1999년 8월에는 서울에서 제8회 아시아·태평양 화학공학회의(The 8th APCChE, Asian Pacific Confederation of Chemical Engineeing)가 'Challenges Facing Chemical Engineering in the 21st Century'라는 제목하에 개최되었으며, 세계 각국에서 1,000명 이상의 연구자들이 참석하여 25개 연구분과에서 527편의 연구논문을 발표하였다. 1980년대 이후에는 국내 화학공학의 학문적인 수준이 크게 향상되기 시작하였으며, 특히 그동안 소홀히 하였던 국제 학술지에 게재되는 논문 수가 매년 많이 증가하기 시작하였다. 이러한 연구 수준의 향상은 연구중심 대학을 표방한 한국과학원과 포항공과대학 등이 설립되어 신진 교수들을 중심으로 새로운 분야에서의 학문적 연구가 심도 있게 진행된 결과이다. 이러한 연구 경향은 이제 전 대학에 확산하여 연구논문에 의해 교수들의 업적이 평가되고 있으며, 많은 대학에서는 국제 학술지에 게재된 논문을 박사학위 수여의 필수요건으로 정하고 있다.

■ 1990년대 이후

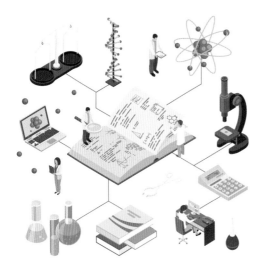

1996년, 국내의 공과대학에는 55개의 화학공학과가 개설되어 있으며, 화학공학 관련 학과로는 14개의 공업화학과, 14개의 고분자공학과, 38개의 환경공학과 등이 있다. 1998년 이후에는 여러 대학에서 화학공학과와 주변의 관련 학과들을 합치는 다학제적인 통합방식을 통해 새로운 학문 분야를 수혈하려는 시도가 이루어지고 있다. 예를 들어, 서울대학교는 화학공학과와 공업화학과가 합쳐진 응용화학부가 개설되었으며, 연세대학교에는 화학공학생명공학부, 경희대학교는 환경응용화학부, 인하대학교는 화공고분자생물공학부, 성균관대학교는 화학, 고분자,섬유공학부, 홍익대학교는 재료화학공학부가 개설되었다. 이러한 학문 분야에서의 변화는 산업발전에 따른 당연한 결과라 할 수 있다. 국내의 경우 특히, 화학공학 분야 연구자들 사이에서는 화학공학의 미래에 대한 위기의식이 폭넓게 퍼져 있는 상태에 있다. 그러나, 이러한 인식은 화학공학을 단위조작과 석유화학을 중심으로 한 전통적인 관점에서 조망한 결과라 할 수 있다. 1990년대 이전까지만 해도 인력수급 면에서 취업대상 산업과 대학학과 간에는 매우 독점적인 수급관계가 형성되어 있었다. 그러나, 산업구조가 변하면서 근래에는 이와 같은 인력수급의 형태도 크게 바뀌고 있다. 즉, 화학공학과 졸업생의 상당수가 이미 전자나 기계공업 회사에 취직하고 있으며, 앞으로는 이러한 추세가 더욱 심해질 전망이다. 이것은 오늘날 산업에서 필요로 하는 기술의 내용이 매우 다양해짐에 따라 다학제적인 지식이 필요하게 되기 때문이다.

출처: 한국민족문화대백과사전(화학공학(化學工學))

일상 속 화학 반응

　화학은 실험실뿐만 아니라 주변 세계에서 발생한다. 물질은 화학 반응 또는 화학 변화의 과정을 통해 상호 작용하여 새로운 제품을 형성한다. 요리하거나 청소할 때마다 화학 작용이 작용한다. 당신의 몸은 화학 반응 덕분에 살며 성장한다. 약을 먹고 성냥을 비추고 숨을 쉬면 화학 반응이 있다. 일상생활에서 발생하는 이러한 화학 반응의 예는 하루 동안 경험하는 수십만 가지 반응의 작은 표본이다.

◆ 광합성

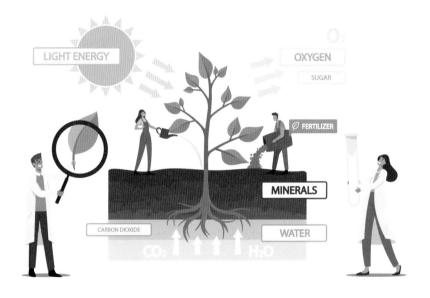

　식물 및 다른 생명체가 빛에너지를 화학 에너지로 전환하기 위해 사용하는 과정이다. 전환된 화학 에너지는 나중에 생명체의 활동에 에너지를 공급하기 위해 방출될 수 있다. 이 화학 에너지는 이산화탄소와 물로부터 합성된 당과 같은 탄수화물 분자에 저장된다.

◆ 호기성 세포호흡

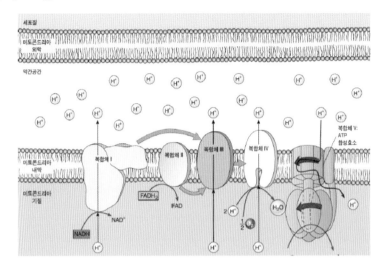

호기성 세포호흡은 에너지 분자가 우리가 호흡하는 산소와 결합하여 세포에 필요한 에너지와 이산화탄소 및 물을 방출한다는 점에서 광합성의 반대 과정이다. 세포에서 사용되는 에너지는 ATP 또는 아데노신삼인산 형태의 화학 에너지이다.

◆ 혐기성 호흡(무산소호흡, 무기호흡)

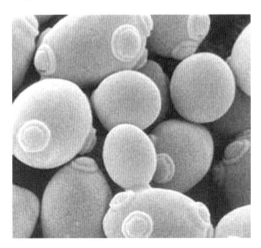

혐기성 호흡은 세포가 산소 없이 복잡한 분자로부터 에너지를 얻을 수 있도록 하는 일련의 화학 반응이다. 근육 세포는 강렬한 운동이나 장시간 운동할 때와 같이 근육 세포에 전달되는 산소를 소진할 때마다 혐기성 호흡을 수행한다. 효모와 박테리아에 의한 혐기성 호흡은 발효에 이용되어 에탄올, 이산화탄소 및 치즈, 포도주, 맥주, 요구르트, 빵 등 많은 일반적인 제품을 만드는 화학 물질을 생성한다.

◆ 연소

연소(燃燒) 물질이 산소와 화합할 때 다량의 열과 빛을 발하는 현상을 말한다. 성냥을 치거나 양초를 태우거나 불을 피우거나 그릴에 불을 붙일 때마다 연소 반응이 보인다. 연소는 에너지 분자와 산소를 결합하여 이산화탄소와 물을 생성한다.

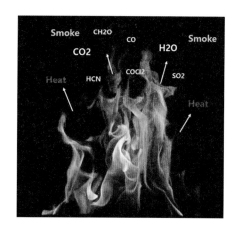

◆ 녹

녹(綠, rust)은 일련의 산화철을 가리키는 용어이다. 이 용어는 실생활에서 빨간빛의 산화물에 해당하는데 이것은 물이나 습기가 있어서 산소와 쇠가 반응하여(산화 작용) 만들어진다. 그러나 산소가 없는 곳에서 쇠가 염소와 반응하여도 녹이 슬 수 있

으며, 또 물속 콘크리트 기둥에 쓰이는 철근도 초록빛의 녹을 낸다. 어떠한 종류의 녹은 시각적으로나 분광학적으로 구분할 수 없는 것도 있으며 이러한 녹은 다른 환경에서 만들어진다.

◆ 전기 화학

물질 간의 전자 이동에 의한 산화·환원 반응과, 그것에 의한 여러 가지 현상이다. 주로 전극-용액계의 반응이다. 예로서는 물의 전기 분해 등이 있다.

◆ 소화

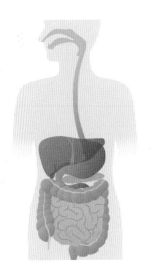

생물이 섭취 혹은 흡수한 음식물을 분해하여 영양분을 흡수하기 쉬운 형태로 변화시키는 일이다. 음식물을 씹는 작용에 의한 기계적 소화와 소화 효소에 의한 화학적 소화가 있다. 소화는 다세포 레벨, 단세포 레벨, 세포 내 레벨에서 이루어지나, 일반적으로 말하는 소화는 동물에 있어서 다세포 기관인 소화기관에서 이루어지는 소화 과정을 말한다.

◆ 산-염기 반응

산과 염기가 반응하여 각각 산이나 염기의 성질을 잃고 중화되는 반응을 말한다. 산·염기 반응은 중화반응이라고도 하고 일반적으로 산이나 염기인 성질이 중성이 되는 것을 뜻한다. 예를 들어 HCl + NaOH → NaCl + H_2O가 되는 반응에서 산성인 HCl과 염기성인 NaOH가 반응하여 H_2O와 중성인 NaCl이 만들어진다. 이때 산성의 주체인 H+(수소 이온)과 염기성의 주체인 OH-(수산화 이온)이 만나 H_2O가 되어 중성이 된다. 이러한 반응을 산·염기 반응이라 한다.

◆ 비누와 세제 반응

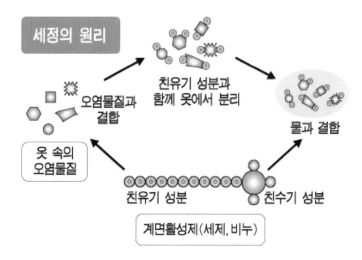

비누와 세제는 화학 반응을 통해 청소한다. 비누는 때를 유화시켜 기름진 얼룩이 비누에 달라붙어 물로 제거할 수 있다. 세제는 계면 활성제 역할을 하여 물의 표면 장력을 낮추어 기름과 상호 작용하고 분리하여 씻어 낼 수 있다.

◆ 조리

조리는 열을 사용하여 음식에 화학적 변화를 일으킨다. 예를 들어, 달걀을 강하게 끓이면 달걀흰자에 생성된 황화수소가 달걀노른자에서 나온 철과 반응하여 노른자 주위에 회녹색 고리를 형성할 수 있다. 고기를 갈색으로 만들거나 구운 식품을 만들 때 아미노산과 설탕 사이의 Maillard 반응이 일어난다.

세계를 향하는 국내 화학 기업

LG화학

LG화학은 대한민국의 화학물질 제조기업이자 의약품 분야, 정밀화학 기업이다. 매출액 기준, 대한민국 내 1위 화학 기업이다. 1947년 설립된 락희(Lucky)화학공업사를 모체로 한 LG CI에서 사업 부문이 분할되어 2001년 설립되었다. 석유화학 사업 부문을 기반으로, 정보전자 첨단소재, 전지 사업, 생명과학 부문 등의 사업 포트폴리오를 가지고 있어 안정적으로 성장하고 있다.

한화솔루션

한화솔루션(Hanwha Solutions)은 2020년 1월, 한화케미칼과 한화큐셀앤드첨단소재가 통합되어 탄생한 회사로, 다양한 분야의 솔루션을 제공한다. 2021년 4월에는 한화도시개발의 자산개발 사업 부문을 통합한 후 한화갤러리아를 합병하고 한화갤러리아타임월드를 자회사로 편입했다. 케미칼, 태양광 에너지, 고기능성 소재를 비롯해 유통 서비스, 부동산 개발 사업 분야의 솔루션을 제공한다.

포스코케미칼

포스코케미칼은 포스코 포항제철소의 설립과 함께 내화물 전문회사로 출발해 생석회 등 기초소재를 비롯해 화학 및 에너지소재 분야 전문회사이다. 이차전지용 양극재·음극재를 동시 생산하는 국내 유일의 업체이며 탄소 소재 원료와 제품, 내화물과 생석회 등을 제조·판매한다.

금호석유화학

주요사업 부분은 합성고무, 합성수지, 정밀화학 등 석유화학 제품과 탄소나노튜브(CNT), 리조트, 건자재, 에너지(열병합발전, 태양광, 풍력), 물류, 무역 및 도로관리 운영 등에 이르고 있다.

롯데케미칼

롯데케미칼 주식회사(영어: Lotte Chemical Corporation)는 대한민국의 석유화학산업 회사로, 벤젠, 톨루엔, 자일렌 등의 방향족계 제품과 이것을 기반으로 한 기초 유분을 원료로 하여 합성수지, 합성원료, 합성고무 등을 생산한다.

SK케미칼

SK케미칼은 폴리에스테르 등을 생산하는 화학 부문과 신약 등 생명과학 부문 사업을 영위하는 SK디스커버리 계열사이다. 2017년 12월 지주회사인 SK디스커버리와 사업회사인 SK케미칼로 인적 분할을 마무리하여, 신설법인 SK케미칼(주)로 새롭게 출범하였다. 2018년 7월 1일 백신 사업 부문을 SK바이오사이언스로 나누었다.

파미셀

PHARMICELL

파미셀은 코스피 상장 바이오 제약기업이다. 사업 부문은 바이오와 케미칼로 구분되어 있다. 바이오 사업 부문에서는 난치성 질환 정복과 인류건강 증진을 위한 줄기세포치료제 개발 및 판매사업, 건강할 때 자신의 줄기세포를 보관하여 질병 발생에 대비하기 위한 줄기세포 보관사업, 줄기세포 실용화 기술의 전수 및 솔루션을 제공하는 바이오 기반구축사업, 줄기세포 과학기술을 이용한 화장품 개발사업에 주력하고 있다.

SKC

SK그룹 계열 화학, 소재 전문회사. 과거에는 주로 마그네틱 및 광학 매체 제조업체로 알려져 있었다. 현재 주요 사업은 주요 사업은 폴리우레탄 사업의 원재료로 사용되는 프로필렌옥사이드 제품 등을 생산·판매하는 화학 사업, LCD, 반도체, 전자 재료와 일반 산업재에 부품으로 사용되는 폴리에스터 필름 등을 생산·판매하는 필름 사업으로 구성된다. 국내 최초이자 세계에서 4번째로 폴리에스테르 필름 자체 개발에 성공하여 현재는 세계 3위의 PET 필름 생산력을 자랑한다. 프로필렌옥사이드의 제조가 가능한 국내 유일 기업이다. SK케미칼과는 다른 회사이다.

OCI

OCI는 재생 가능 에너지(Renewable Energy), 무기화학, 석유석탄화학, 정밀화학, 단열재, Sapphire Ingots 분야에서 카본 블랙, 핏치, TDI, 과산화 수소, 소다회, 흄드실리카(fumed silica), 단열재, LED용 사파이어 잉곳을 비롯하여 반도체 웨이퍼 및 태양 전지의 핵심 원료인 폴리실리콘 등을 생산, 판매하고 있으며 수출 비중이 70% 이상을 차지하는 글로벌 화학 기업이다.

에코프로

교토의정서의 채택과 환경사업의 세계적인 가능성 속에서 1998년 탄생하였으며, 이후 PFCs 촉매, 온실 및 유해가스 저감장치, 케미칼 필터 제조기술, 에너지 저감형 VOC 제거 시스템 등을 개발하여 국내 환경사업을 선도하고 있다.

세계적인 글로벌 화학 기업

독일,
바스프

바스프 SE(독일어: BASF SE)는 독일의 화학 관련 기업이다. 1865년에 프리드리히 엥겔호른 외 3인이 루트비히스하펜에 바디셰 아닐린 운트 소다 파브릭'(독일어: Badische Anilin & Soda Fabrik)을 전신으로 설립된 이후, 플라스틱, 기능성 제품, 농화학, 정밀화학, 석유화학 등 다양한 분야에서 제품과 솔루션을 제공하는 글로벌 화학 기업이다.

중국,
시노펙

중국석유화공(中国石油化工)은 시노펙이라고도 불리는 중화인민공화국에서 제일 큰 석유 회사로 정식 이름은 중국석유화공고분유한공사(中国石油化工股份有限公司)이고, 약칭은 중국석화(中國石化) 또는 중석화(中石化)이다. 원래 중국 석유화학 주식회사에 속한 국영 기업이었으나, 2000년 2월 25일 민영화되었다. 중국석유천연기와 함께 중국의 2대 석유 회사 중 하나이다.

미국,
다우 케미컬

1897년에 표백제 및 브롬화 칼륨 제조업체로 탄생했다. 1999년에는 보팔 참사의 당사자인 유니온 카바이드(영어판)를 930억 달러에 인수하여, 듀퐁 대신 세계 최대의 화학업체가 되었다. 2008년에는 이온 교환 수지의 제조에서 세계 최고의 화학무기 제조업체, Rohm and Haas를 188억 달러에 인수했다.

영국,
이네오스

이네오스/이니오스는 1998년에 설립된 영국의 다국적 화학 회사이다. 프랑스의 축구팀 OGC 니스와 영국의 사이클팀 이네오스와 포뮬러 1의 메르세데스-AMG 페트로나스 포뮬러 원 팀을 후원하고 있다. 롯데이네오스화학의 지분 50.90%를 보유하고 있다. 그 외에도 울산에 스티로폴 제조사를 두고 있고 한국지사는 서울에 있다.

사우디아라비아,
사빅

사우디아라비아 리야드에 본사를 둔 글로벌 종합 화학 회사이다. 미국, 유럽, 중동 및 아시아 태평양 지역에서 전 세계적인 규모로 생산되며, 화학 물질, 상품 및 고성능 플라스틱, 농업용 비료 및 금속 등 다양한 종류의 제품을 생산하고 있다.

대만,
포모사 플라스틱

포모사그룹은 중국과의 지리적 근접성은 물론 문화적 연대감으로 인해 중국의 왕성한 수요에 성장 가능성을 확대하고 있다. 포모사그룹은 석유화학, 정유, 에너지, 섬유, 전자, 중공업, 자동차, 운송사업 부문 등 40개 계열사를 거느리고 있다.

한국,
LG화학

LG화학은 대한민국의 화학 물질 제조기업이자 의약품 분야, 정밀화학 기업이다. 매출액 기준, 대한민국 내 1위 화학 기업이며, 석유화학 사업 부문을 기반으로, 정보전자소재, 전지 사업 등의 사업 포트폴리오를 가지고 있어 안정적으로 성장하고 있다.

일본,
미쓰비시케미컬

미쓰비시 케미컬(Mitsubishi Chemical Corporation)은 일본에서 가장 큰 화학 회사 그룹인 미쓰비시 케미컬 홀딩스(Mitsubishi Chemical Holdings Corporation)에 속한 주요 계열사 중 하나입니다. 오랜 기간에 걸쳐 케미컬 영역 분야에서 독보적으로 키워온 기술력을 바탕으로 다양한 사업 분야에 걸쳐 성장해왔다.

네델란드,
리온델바젤

리온델바젤은 천연가스를 원료로 폴리에틸렌 및 폴리프로필렌 화학소재를 다루고 있으며 그에 관한 라이센스 기술들을 제공하는 기업이다. 리온델바젤은 2007년 미국의 리온델케미컬과 네덜란드의 바젤이 합병해 탄생한 세계적인 석유화학업체다.

화학공학 관련 도서 및 영화

관련 도서

화학, 알아두면 사는 데 도움이 됩니다 (씨에지에양 저/ 지식너머)

많은 사람이 '화학'이라는 말을 들으면 겁부터 낸다. 가습기 살균제부터 라돈 침대, 살충제 달걀 등의 일련의 사건들이 화학에 대한 소비자들의 두려움을 가중했기 때문이다. 그러다 보니 소비자들은 화학제품을 '위험 물질'로 인식하는 한편, 맹목적으로 '천연 유기농'을 추구한다. 또한, 일부 식품·화장품 회사들은 상품 광고에 '논케미컬', '실리콘프리', '無파라벤' 등의 문구를 사용해 소비자를 현혹하며, 마치 해당 상품이 건강하고 자연 친화적이라는 잘못된 암시를 주기도 한다. 이토록 두려운 화학 물질이 첨가되지 않은 제품도 있

을까? 아쉽게도 100% 천연 제품은 이 세상에 존재하지 않는다! 화학은 이미 우리 생활 속에 깊이 침투해 응용되고 있다. 설거지할 때 사용하는 세정제, 슈퍼에서 파는 음료수, 매일 같이 사용하는 샴푸와 보디클렌저, 메이크업 제품, 옷 등 모두 화학과 밀접하게 관련 있다. 그러나 두려워할 필요 없다. 화학 상식들을 익히고, 화학제품을 제대로 사용한다면 화학 물질은 일상을 편리하게 도와주는 썩 괜찮은 동반자가 될 것이다.

이 책은 화학공학 박사이자 화장품 회사 CEO인 저자가 '일상생활 속 화학'을 주제로 연재한 칼럼을 한 권의 책으로 묶은 것이다. 팬페이지가 생길 만큼 인기를 끌었던 칼럼 중에서 유용하고 재미있는 화학 상식들을 가려 뽑아 훌륭한 안내서로 재탄생했다. 현명한 소비자를 꿈꾸는 독자들이여, 이 책을 통해 화학 제품을 똑똑하게 고르고, 제대로 사용하자!

같기도 하고 아니 같기도 하고 (로얼드 호프만 저/ 까치)

노벨 화학상 수상자이자 "화학의 시인"이 들려주는 화학에 대한 우리의 인식을 바꿔줄 놀라운 이야기!

1996년 출간된 이래 늘 화학 분야의 베스트셀러 자리를 놓치지 않은 로얼드 호프만의 이 책은 화학이 무엇이고, 화학자가 어떤 마음으로 화학 문제를 해결하는지를 다양한 예를 들어 설명한다. 이번 개역판은 이전의 번역을 새롭게 가다듬고, 용어들을 정리한 것이다. 우리가 생각하는 화학은 실험실에서 화학 물질들을 이용해서 이루어지는 우리의 일상과는 거리가 먼 분야일 것이다. 또한 화학 물질에 대한 우리의 인식은 환경오염 등 부정적으로 흐르고 있다. 그러나 화학은 인류의 역사와 함께 발전해왔으며, 우리의 생명현상 자체도 화학이라고 할 수 있을 만큼 화학은 우리의 삶과 밀접하게 연관되어 있다. 이 책에서 노벨상 수상자이자 "화학의 시인"인 로얼드 호프만 교수는 화학에 대한 일반 독자들의 이해를 돕고, 화학의 세계를 다양한 사례들을 통해서 쉽게 설명한다. 호프만 교수는 현대인이 자기 삶을 제대로 이해하고, 민주시민으로서 사회여론의 결정에서 정당하게 참여하기 위해서는 화학을 필수적인 상식으로 알아야 한다고 주장한다. 화학의 핵심 문제들과 분자의 합성, 메커니즘 등에 관해서 쉽고 흥미롭게 쓰인 이 책을 통해서 우리는 능동적으로 우리가 속한 세계를 이해하게 될 것이다..

화학의 미스터리 (김성근, 이영민, 김경택, 정택동, 윤완수 외 5명 저/ 반니)

화학은 물질을 다루는 학문이다!

화학은 변화되는 과정을 다루는, 변화의 학문이다. 이러한 변화 과정에서 미스터리가 생기기도 한다. 우리는 무기물이 어찌하여 유기물이 되어서 우리 같은 생명체가 되었는지 아직 정확히 알지 못한다. 우리는 10억 분의 1m인 나노 단위까지는 볼 수 있지만, 더 작은 세계의 비밀을 아직 모른다. 주기율표상의 빈 곳을 채울 또 다른 원소가 있는지도 알지 못하고, 우주의 95%를 차지하는 암흑물질과 암흑에너지를 알지도 못한다. 그러나 우리는 이런 세상의 수많은 미스터리를 푸는 데 화학이 이바지할 수 있으리라는 것은 믿고 있다. 화학은 변화의 학문, 가능성의 학문이기 때문이다.

화학으로 이루어진 세상
(크리스틴 메데페셀헤르만, 프리데리케 하마어, 한스위르겐 크바드베크제거 저/ 에코리브르)

화학으로 눈떠서 화학과 함께 잠드는 하루!

이른 아침 자명종 소리에 눈을 뜨면서부터 우리의 삶은 '화학'과 밀접한 연관을 맺고 있다. 아침 식사 때 비타민이 첨가된 콘플레이크도 '화학'이 없이는 생각할 수 없다. 사무실에서 전화기를 귀에 대고 있거나 컴퓨터를 켤 때에는 심지어 '화학'을 피부로 느끼게 된다. 하물며 우리가 입고 있는 옷과 신발에도 '화학'이 작용하고 있다. 과학저널리스트인 크리스틴 메데페셀헤르만과 프리데리케 하마어, 유명한 실용화학자 한스위르겐 크바드베크제거는 화학이 우리 삶의 일부임을 보여준다. 그들은 하루 24시간 동안 일어나는 '화학적 사건들'을 시간대별로 추적한다. 아침의 샤워, 출근길, 치과 치료, 저녁에 연인과 오붓한 시간 등이 일상의 좋은 예들이다. 자연과학에 관심을 지닌 사람이면 누구나 고속도로의 정체, 세탁할 때 사용하는 섬유 유연제, 맛있는 음식, 인간의 육체 등에 담긴 비밀에 흥미로운 시선을 보내게 될 것이다. 자연과학과 일상적인 삶 사이의 관계를 살펴보는 것이 이 책을 읽는 재미다.

역사를 바꾼 17가지 화학 이야기
(페니 카메론 르 쿠터, 제이 버레슨 저/ 사이언스북스)

역사를 바꿔 온 것은 역사학자들이 쳐다보지도 않는 보잘것없는 화학 분자들이다. 이 화학 분자들이 세계사를 무대로 펼치는 활약상을 다루는 이 책을 읽다 보면 화학 분자가 역사를 바꿨다는 주장이 그렇게 황당무계하게 들리지는 않을 것이다.

이 책은 나폴레옹이 화학을 제대로 알았더라면 세계사가 완전히 바뀔 수 있었을지도 모른다는 독특한 문제 제기에서 시작한다. 러시아를 정복하기 위해 출정한 나폴레옹 군대의 군복 단추에는 주석이 사용되었다. 그러나 주석은 저온에서 금속성을 잃고 부스러진다. 결국 나폴레옹 병사들의 군복 단추는 러시아의 강추위를 이기지 못하고 부서지고 말았다. 병사들은 단추가 없어진 옷자락을 추스르느라 무기도 제대로 못 잡고 싸움도 제대로 해 보지 못한 채 후퇴 길에 올랐다. 만약 나폴레옹이 주석의 화학적 성질을 알았더라면 나폴레옹 군대가 추위 때문에 패배하는 일은 없었을 것이다.

세상은 온통 화학이야 (마이 티 응우옌 킴 저/ 한국경제신문)

대부분 사람에게 '화학'은 몸에 해롭고, 독성을 포함하며, 인위적인 것으로 통한다. 학교에서조차 학생들에게 어렵다는 이유로 외면당하는 과목일 뿐이지만, 그것은 화학이 무엇인지 제대로 알지 못하기 때문이다. 저자 마이 티 응우옌 킴 박사는 못생긴 아이를 최대한 남들에게 예뻐 보이게 하려는 엄마의 마음으로, 화학이 무엇인지를 일반 독자들에게 쉽고 재미있게 소개한다. 모닝콜 소리에 잠에서 깨어 포도주 한 잔 후 잠들 때까지, 일과를 화학자의 시선으로 바라보고 풀어나가는 신기한 경험으로 독자들을 초대한다.

살면서 한 번쯤은 궁금증을 가져본 적 있을 법한 일상 속 현상들을 화학 원소로 쪼개어, 어떤 화학 반응이 우리 안에서 그리고 우리 주변에서 은밀하게 진행되는지 기발하면서도 재밌게 풀어낸다. 저자의 하루를 따라 정신없이 읽다 보면 어느새 화학을 취미처럼 재미있게 즐기고 있는 자신을 발견하게 될 것이다.

화학 교과서는 살아있다
(문상흡, 박태현, 하창식, 이관영, 오명숙, 탁용석, 노중석, 박승빈, 성종환 저/ 동아시아)

우리의 일상생활과 밀접한 관계가 있는, 우리 주변 곳곳에 숨어 있는 화학적 작용과 원리를 밝힘으로써 화학을 재미있게 공부할 수 있도록 돕고자 한다. 그런 목적 아래, 대한민국 최고의 화학공학 교수들이 모여 고등학교 화학 교과서의 전 분야를 망라해 화학의 기초부터 응용에 이르기까지 알기 쉽고 재미있게 설명하고 있다. 특히 한국화학공학회 50주년 기념으로 발간된 도서라는 점에서 의미가 있다.

책에는 자신이 러시아의 마지막 공주인 '아나스타샤'라고 주장한 한 여인의 진실을 밝히기 위해 동원된 DNA 지문법 등, 우리가 일상생활에서 부딪히고 만나는 수많은 일이 결국 화학과 밀접한 관련이 있다는 사실을 재미있는 예화를 통해 이해하기 쉽게 담았다. 또한 화학의 발전상을 하나하나 담고 있다. 화학이 화학이라는 학문적 영역을 넘어 인류의 생활, 나아가 생존과 밀접한 관련을 맺고 있다는 사실을 보여준다.

관련 영화

다크 워터스 (2020년/ 127분)

젖소 190마리의 떼죽음.

메스꺼움과 고열에 시달리는 사람들.

기형아들의 출생.

그리고, 한 마을에 퍼지기 시작한 중증 질병들.

대기업의 변호를 담당하는 대형 로펌의 변호사 '롭 빌럿'(마크 러팔로)은 세계 최대의 화학기업 듀폰의 독성 폐기물질(PFOA) 유출 사실을 폭로한다.

그는 사건을 파헤칠수록 독성 물질이 프라이팬부터 콘택트렌즈, 아기 매트까지 우리 일상 속에 침투해 있다는 끔찍한 사실을 알게 되고 자신의 커리어는 물론 아내 '사라'(앤 해서웨이)와 가족들.

모든 것을 건 용기 있는 싸움을 시작한다.

마리 퀴리 (2020년/ 110분)

새로운 세상을 만든 천재 과학자

그녀의 빛나는 도전과 숨겨진 이야기!

뛰어난 연구 실적에도 불구하고 거침없는 성격 때문에 연구실에서 쫓겨난 과학자 '마리'.

평소 그녀의 연구를 눈여겨본 '피에르'는 공동 연구를 제안하고, 두 사람은 자연스럽게 사랑을 느끼게 된다.

연구를 거듭하던 '마리'는 새로운 원소 라듐을 발견하는 데 성공하며 '피에르'와 함께 노벨상을 받게 된다. 그 후 이 발견으로 암을 치료할 수 있다는 기대에 한껏 부푼다. 하지만 기쁨도 잠시, '피에르'가 갑작스러운 죽음을 맞고 '마리'는 깊은 절망에 빠진다. 그리고 곧 '마리'는 이 위대한 발견 이면의 예상치 못한 힘을 알게 되는데...

플러버 (1997년/ 93분)

　천재 교수인 필립 브레이너드(로빈 윌리엄스)는 건망증이 보통 심한 게 아니다. 무언가 실험에 열중하면 아무것도 기억하지 못한다. 실험에 열중해버려 결혼식 시간도 잊어버리는 탓에, 벌써 자신이 강의하는 대학 총장인 사라와의 결혼식에 두 번이나 참석하지 못한 정도이다.

　세 번째 결혼식 날, 이번에는 잊지 않고 결혼식에 참석하겠다던 브레이너드 교수는 오랫동안 진행해온 실험이 성공하기에 이르자 역시 결혼식은 뒷전으로 하고 새로 탄생한 발명품에 정신을 빼앗긴다. 브레이너드 교수가 이 색다른 물체에 붙인 이름은 플러버, 즉 날아다니는 고무의 줄임말이다. 액체와 고무의 중간 형태인 듯한 '플러버'는 어디에나 집어넣기만 하면 엄청난 속도로 공중을 날아다니는 획기적인 물질이다. 이뿐만 아니라 자동차에 설치하면 하늘을 날아다니는 차가 되고 운동화 바닥에 살짝 발라두면 매우 높이 점프할 수 있다.

　플러버를 이용해 브레이너드 교수는 라이벌 대학과의 농구 경기에서 통쾌하게 이기도록 조정하지만 이를 의심한 악당들에 의해 플러버의 존재는 세상에 알려지고 만다.

연가시 (2012년/ 109분)

　치사율 100% 변종 연가시 감염주의보!

　그 누구도 피할 수 없는 감염의 공포가 대한민국을 초토화한다!

　고요한 새벽녘 한강에 뼈와 살가죽만 남은 참혹한 몰골의 시체들이 떠오른다. 이를 비롯해 전국 방방곡곡의 하천에서 변사체들이 발견되기 시작한다. 원인은 숙주인 인간의 뇌를 조종하여 물속에 뛰어들도록 유도해 익사시키는 '변종 연가시'. 짧은 잠복기간과 치사율 100%, 4대강을 타고 급속하게 번져나가는 '연가시 재난'은 대한민국을 초토화한다. 사망자들이 기하급수적으로 늘어나게 되자 정부는 비상대책본부를 가동해 감염자 전원을 격리 수용하는 국가적인 대응 태세에 돌입하지만, 이성을 잃은 감염자들은 통제를 뚫고 물가로 뛰쳐나가려고 발악한다. 한편, 일에 치여 가족들을 챙기지 못했던 제약회사 영업사원 재혁은 자신도 모르는 사이에 연가시에 감염되어버린 아내와 아이들을 살리기 위해 치료제를 찾아 고군분투한다. 그 가운데 그는 재난 사태와 관련된 심상치 않은 단서를 발견하고 사건 해결에 나서게 되는데...

괴물 (2006년/ 119분)

햇살 가득한 평화로운 한강 둔치.

늘어지게 낮잠 자던 강두는 잠결에 들리는 '아빠'라는 소리에 벌떡 일어난다. 올해 중학생이 된 딸 현서가 잔뜩 화가 나 있다. 부모 참관 수업에 술 냄새 풍기며 온 삼촌 때문이다. 강두는 고민 끝에 비밀리에 모아 온 동전이 가득 담긴 컵라면 그릇을 꺼내 보인다. 그러나 현서는 시큰둥할 뿐, 막 시작된 고모(배두나)의 전국체전 양궁 경기에 몰두해 버린다.

한강 둔치로 오징어 배달을 나간 강두는 우연히 웅성웅성 모여있는 사람들 속에서 특이한 광경을 목격하게 된다. 생전 보지 못한 무언가가 한강 다리에 매달려 움직이는 것이다. 사람들은 마냥 신기해하며 핸드폰, 디카로 정신없이 찍어댄다. 그러나 그것도 잠시, 정체를 알 수 없는 괴물은 둔치 위로 올라와 사람들을 거침없이 깔아뭉개고, 무차별로 물어뜯기 시작한다.

순식간에 아수라장으로 돌변하는 한강변.

강두도 뒤늦게 딸 현서를 데리고 정신없이 도망가지만, 비명을 지르며 흩어지는 사람들 속에서, 꼭 잡았던 현서의 손을 놓치고 만다. 그 순간 괴물은 기다렸다는 듯이 현서를 낚아채 유유히 한강으로 사라진다. 가족의 사투가 시작된다.

엑시트 (2019년/ 103분)

짠내 폭발 청년 백수, 전대미문의 진짜 재난을 만나다!

대학교 산악 동아리 에이스 출신이지만 졸업 후 몇 년째 취업 실패로 눈칫밥만 먹는 용남!

온 가족이 참석한 어머니의 칠순 잔치에서 연회장 직원으로 취업한 동아리 후배 의주를 만난다. 어색한 재회도 잠시, 칠순 잔치가 무르익던 중 의문의 연기가 빌딩에서 피어오른다. 피할 새도 없이 순식간에 도심 전체는 유독가스로 뒤덮여 일대 혼란에 휩싸이게 된다. 용남과 의주는 산악 동아리 시절 쌓아 뒀던 모든 체력과 스킬을 동원해 탈출을 향한 기지를 발휘하기 시작하는데...

헐크 (2003년/ 138분)

과학자 브루스 배너는 분노를 적절하게 조절해야만 한다. 명석한 과학자인 평온한 그의 삶은 억제된 욕망을 품고 있으며, 유전적인 기술이 처절한 그의 과거를 숨기고 있다. 옛 여자친구이자 그의 뛰어난 동료 베티 로스는 브루스의 감정 기복에 지쳐서 그의 삶을 바라보기만 할 뿐이다. 그러던 어느 날 베티가 배너의 혁신적인 연구로부터 뭔가를 발견하게 된다. 잠깐의 실수는 폭발적인 상황을 일으키고, 브루스는 순간의 결정을 내린다. 그의 충동적인 영웅심으로 다른 이들은 생명을 건지고, 그 자신도 상처 하나 입지 않는다. 그러나 그의 몸은 치사량 이상의 감마선에 노출된 상태였다.

그 후 브루스에게 알 수 없는 일들이 일어나기 시작한다. 아침에 일어났던 일들을 기억하지 못할 정도로 의식을 상실하는 것이었다. 그러한 상황은 실패한 실험이 초래한 예기치 못한 결과다. 그러나 배너는 자기 내부에, 낯설지만 매우 친밀하며 위험하지만, 은근히 매력적인 것들을 느끼게 되는 것이었다. 그리고 난폭하며 통제할 수 없을 정도로 강력한 존재인 헐크가 간헐적으로 그 모습을 드러낸다. 헐크는 파괴를 일삼아, 배너의 연구실과 집안을 모두 파괴한다. 이로 인해 베티의 아버지 로스 장군 휘하의 병력이 동원되고, 브루스의 맞수인 글렌 탤벗이 여기에 동참한다. 개인적인 복수와 가족 관계가 극대화된 위험을 증폭시킨다.